JN240296

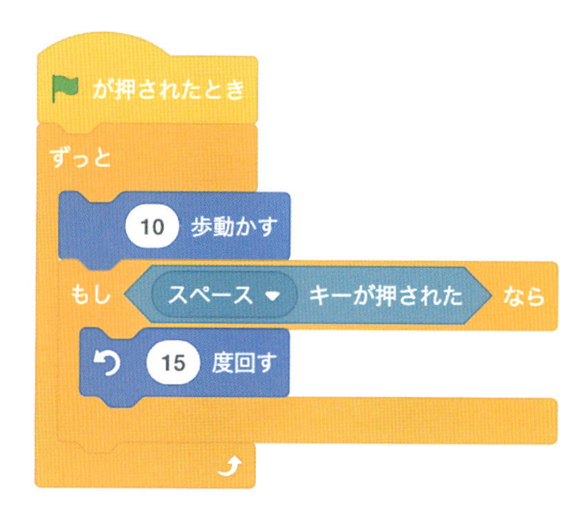

口絵 1（図 3.8） Scratch のブロック形状による制約

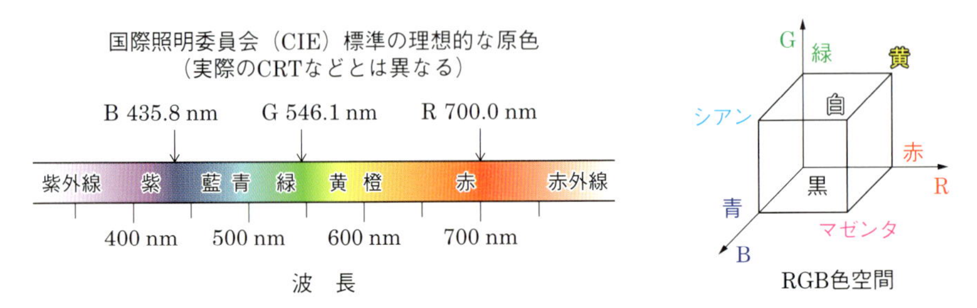

口絵 2（図 6.1）　可視光のスペクトルと光の三原色による RGB 色空間

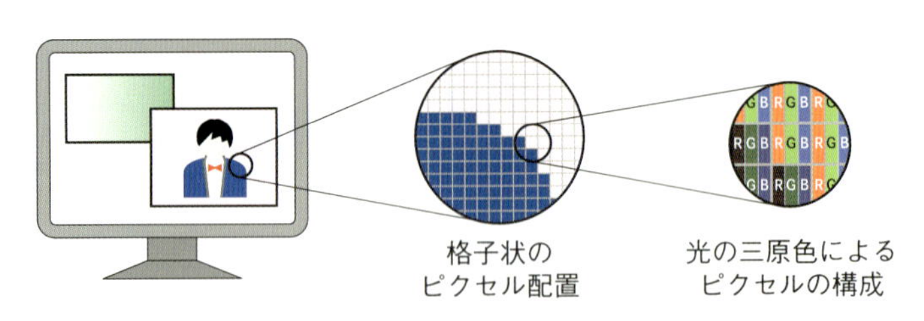

口絵 3（図 6.2）　ラスタースキャンディスプレイによる表示

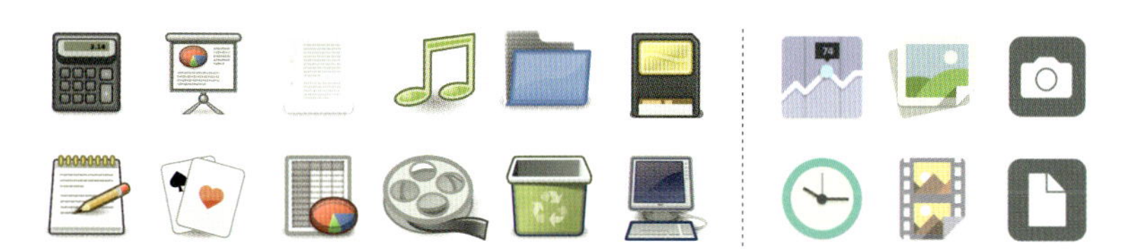

オブジェクトアイコン（アプリケーション，ファイル，フォルダ，デバイスなど）

操作・機能アイコン　　状態・属性アイコン

（点線の左側：freedesktop.org，右側：www.pixeden.com）

口絵 4（図 6.6）さまざまなアイコン

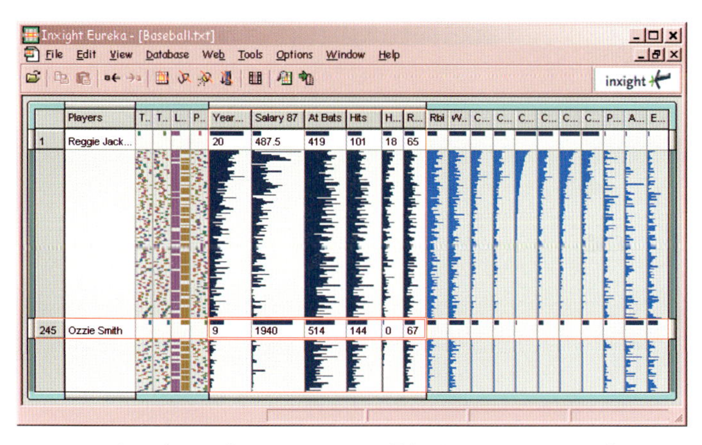

口絵 5（図 7.8） Table Lens（製品名 Inxight Eureka）
（Courtesy of Xerox Corp. and Inxight Software, Inc.（当時））

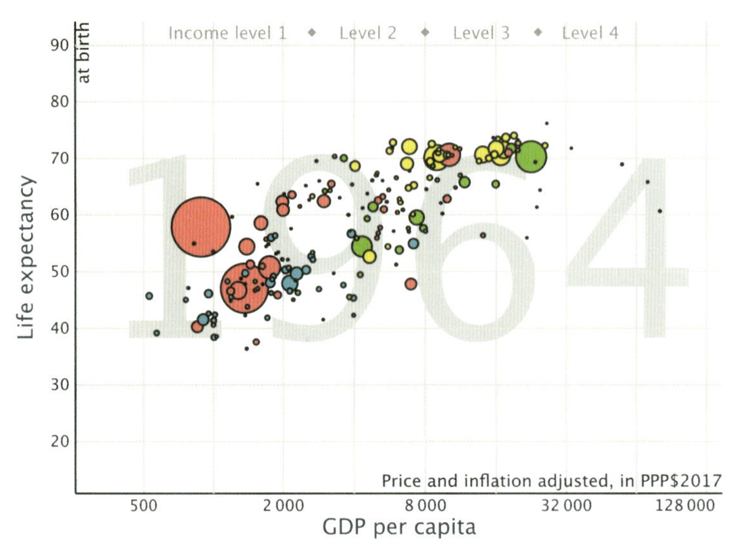

（a）図7.9左

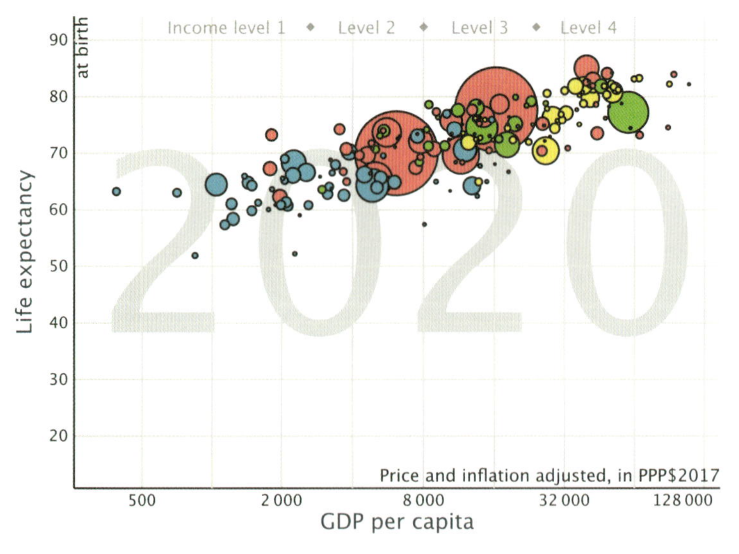

（b）図7.9右

口絵 6（図 7.9） アニメーション付きバブルチャート（5 次元のデータを可視化，x 軸：1 人当たり GDP，y 軸：平均寿命，円の面積：人口，円の濃淡：大陸，アニメーション：年）
（Free material from www.gapminder.org）

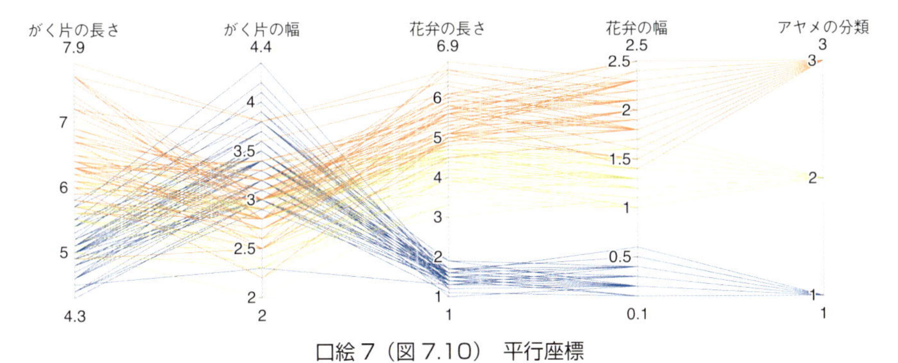

口絵７（図 7.10） 平行座標
（Plotly（plotly.com）でサンプルをもとに作成）

【音楽市場の推移（販売総額）】

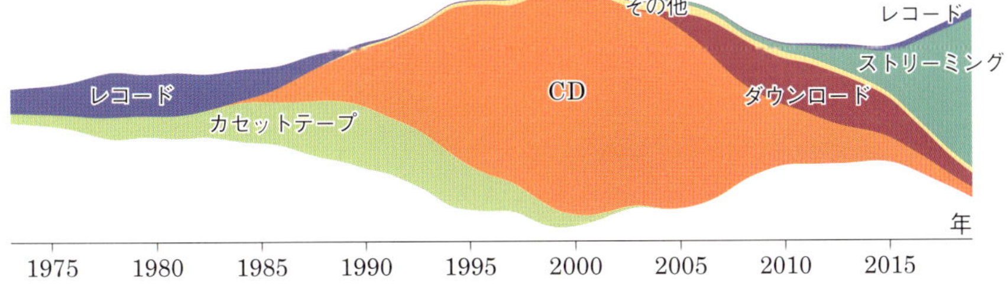

口絵８（図 7.11） ストリームグラフ
（RAW（www.rawgraphs.io）でサンプルをもとに作成）

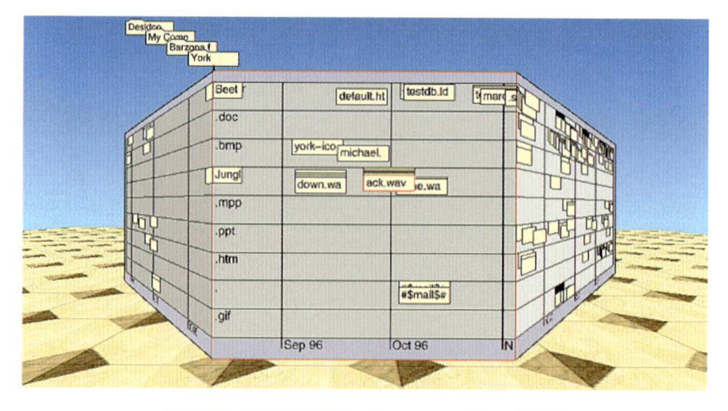

口絵 9（図 7.12） Perspective Wall
（Courtesy of Xerox Corp. and Inxight Software, Inc.（当時））

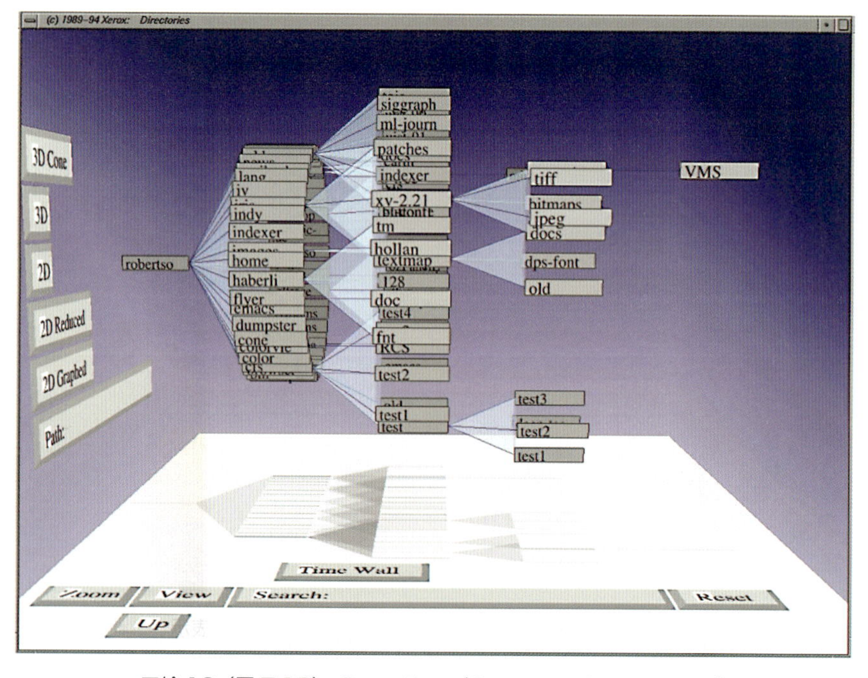

口絵 10（図 7.13） Cone Tree（Courtesy of Xerox Corp.）

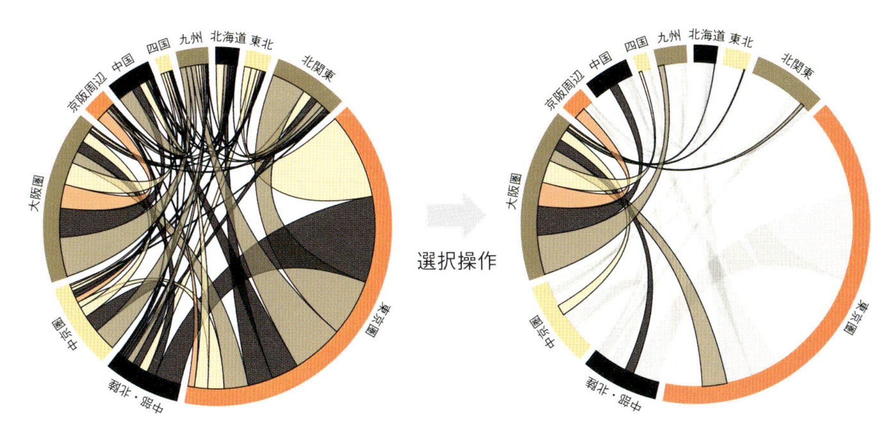

口絵 11（図 7.16） Chord Diagram
（D3（d3js.org）サンプルプログラムを基に作成）

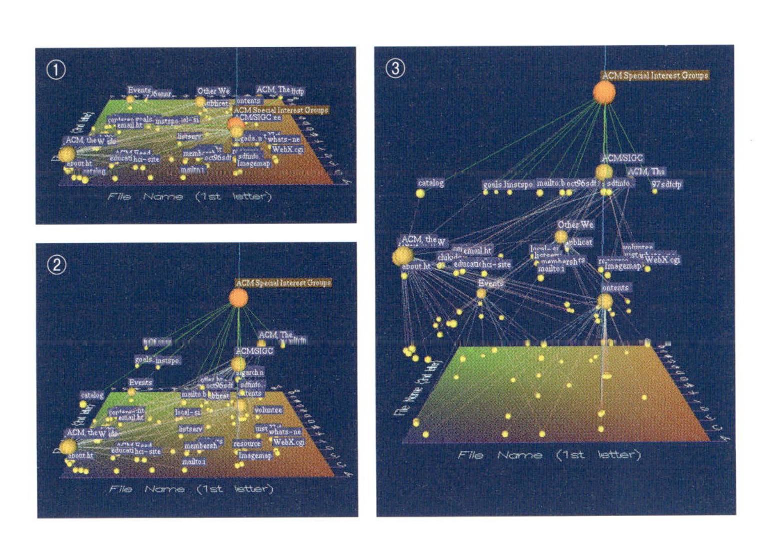

口絵 12（図 7.19） 納豆ビューによる Web 空間の表示

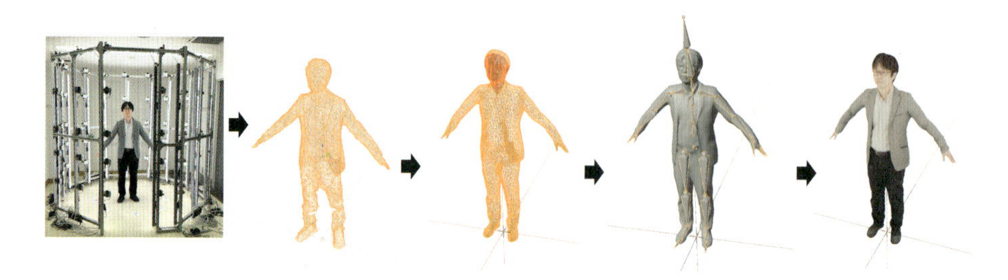

口絵 13（図 10.13） フォトグラメトリによるアバタ作成例

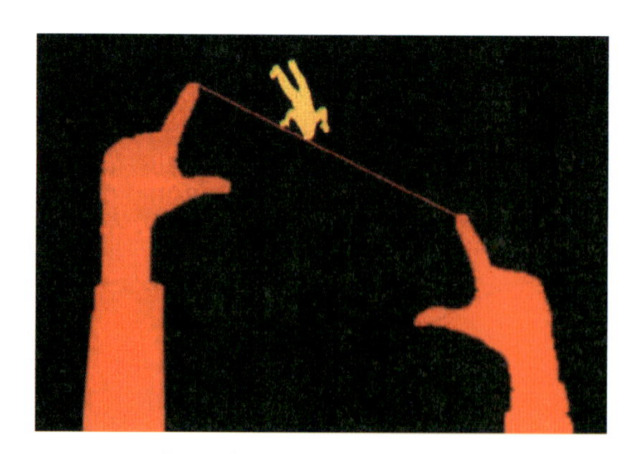

口絵 14（図 11.3） VIDEOPLACE

IT Text

情報処理学会 編集

ヒューマンコンピュータインタラクション

改訂3版

雨宮智浩
岡田謙一
葛岡英明
塩澤秀和
中谷桃子
西田正吾
共著

はしがき

一部の限られた人間が専門知識を駆使してコンピュータを操作していた時代から40年ほど経ち，今や多くのビジネスマンが仕事を遂行するための必須のツールとしてパーソナルコンピュータを駆使している．さらには小学生がコンピュータの存在を意識することなく，ゲームそのものに夢中になっている．まさに，処理の高速度化，記憶の大容量化，ネットワークの広帯域化など，増大するコンピュータリソースを人間とのインタラクションの改良に向けてきた努力の賜物である．コンピュータ発展の歴史は，ヒューマンコンピュータインタラクション発展の歴史であるといってもあながち過言ではないだろう．

ヒューマンコンピュータインタラクションとは，人間とコンピュータとの間の相互的な交流作法を研究する分野であり，物理的側面だけではなく認知的側面も併せ持っている．単にコンピュータ科学や人間工学だけではなく，心理学や社会学などにもまたがる学際的な研究分野であるといえよう．

このように対象となる範囲があまりにも広いため，ヒューマンコンピュータインタラクションに関する書籍は，ハンドブックのような網羅的な記述や，特定の事柄に焦点を合わせた構成になりがちである．専門書としてはすばらしい本は多々あるが，実際の大学で使用される教科書は，ある範囲をある時間で区切りながら進める講義スタイルに沿った構成になっていることが望ましい．

本書は，著者らが大学で講義した経験に基づいて，教科書としても使いやすいものになることを目指した．本書のみで講義を進める場合には半年，具体的な事例や，より専門的な書籍を参考書として併用した場合には1年で修了することを想定している．

本書の内容は，対象となる人間の物理的および認知的側面を理解することから始まり，対話型システムのデザイン戦略，入力装置の特性，GUI を含めた情報の視覚化技術と進む．このように前半では，現在もっとも一般的に使用されているキーボード，マウス，ディスプレイを用いた対話環境でのヒューマンコンピュータインタラクションについて概説している．さらに後半では，より自然なコミュニケーションのためのインタフェース，人工現実や実世界指向インタフェースなど空間や実物体を利用するインタフェース，複数の人間のインタラクションを支援するアプリケーションなど，ヒューマンコンピュータインタラクションの新しい流れを紹介し，最後にインタフェースの評価技法について概説している．

本書が，読者のヒューマンコンピュータインタラクションに対する理解の一助になることを期待する．

最後に，本書を著すにあたってお世話いただいた情報処理学会教科書編集委員ならびにオーム社出版局の皆様に深く感謝する．

2002 年 7 月

著者らしるす

改訂にあたって

「IT Text ヒューマンコンピュータインタラクション」の第1版が発行されてから14年が経つ．本書を企画したときの狙いは教科書として使いやすい本を目指し，著者らが大学で講義した経験に基づいて，授業の講義スタイルに沿った構成にすることであった．網羅的に記述されているハンドブックや特定分野を対象とした専門書はあるが，ヒューマンコンピュータインタラクションの教科書は少なく，本書は現在でも20以上の大学や専門学校で教科書として採用されている．

第1版の発行時に教科書として長年使えるように記述に工夫をしたが，技術の進展が目覚ましいICT分野で流石に14年の歳月はあまりにも長く，執筆当時には考えられないような変化がインタフェースの分野でも見られるようになった．そこで情報処理学会の教科書編集委員会からの勧めもあり，今回次のような方針で改訂することとした．

- 単に最新技術の紹介ではなく，あくまで教科書として使いやすいものにする．
- 第1版との継続性を重要視し，教科書として使用していた場合に講義の流れが変わるようなことは避ける．
- スマートフォンやタブレットなど新しく登場し，今後も使用され続けると思われるデバイスは加える．

そこで改訂2版の章タイトルは第1版と全く同じとして，各章とも内容を少しずつアップデートした．最も大きく変わったのは，3，4章の入出力インタフェースを取り扱った章で，基本はおさえつつも新しいデバイスについては積極的に言及し，すでに使われなくなったデバイスに関しては削除，もしくは記述を減らした．また，各章とも古くなった図や写真は可能な限り新しいものと入れ換えるようにした．

今回の改訂により，本書が読者のヒューマンコンピュータインタラクションに対するさらなる理解の助けになることを期待する．

最後に，本書の改訂にあたってお世話いただいた情報処理学会教科書編集委員ならびにオーム社書籍編集局の皆様に深く感謝する．

2016年2月

著者らしるす

改訂３版発行にあたって

「IT Text ヒューマンコンピュータインタラクション」の第1版が発行されたのが2002年，改訂2版が発行されたのが2016年であり，第1版発行から20年以上経過した．この分野は進歩が早いが，それだけに最先端の技術よりは，基礎的な概念や理論などを中心に解説することを心がけてきた．しかし，特にAIの劇的な進歩によってヒトとコンピュータのインタラクションの仕方も大きく変化しつつあるため，情報処理学会の教科書編集委員会からの助言を受けつつ，本テキストを改訂することとなった．今回の改訂の方針は以下の通りである．

- 第1版からの方針に従い，最新技術の紹介よりも，基礎となる概念や理論を中心に紹介することとした．
- 内容は改訂2版との継続性を重要視するが，大学における授業が10回～15回であることに配慮して，従来の8章構成から11章構成へと変更した．
- ユーザエクスペリエンスのデザインと評価，AI，神経科学・脳科学など新しい動向を加えることとし，これに伴って一部の著者を変更した．

この改訂3版は改訂2版の執筆のときよりも大きい改訂となり，章の題目もかなり変更することとなったが，これまで本テキストを使用して実施していただいていた授業の内容を大きく変えることなく，新しいテキストに変更していただけるように配慮したつもりである．今回の改訂が，本書の読者にとって，ヒューマンコンピュータインタラクションという幅広い分野に対するより良い理解の助けになることを期待する．

最後に，本書の改訂にあたってお世話いただいた情報処理学会教科書編集委員ならびにオーム社編集局の皆様に深く感謝する．

2025年1月

著 者 ら し る す

目　次

第4章　インタラクティブシステムのデザインと分析・評価

第5章 入力インタフェース

第6章　ビジュアルインタフェース

第7章　ビジュアルデザインとビジュアライゼーション

第8章　コミュニケーションインタフェース

第9章　協同作業支援とソーシャルコンピューティング

第1章 ヒューマンコンピュータインタラクションとは

コンピュータを使いやすくするためには，インタフェースが重要であるといわれている．そもそも「使いやすさ」とは何か，インタフェースはどのようにデザインすべきなのであろうか？　本章では，ヒューマンコンピュータインタラクションの基礎となる概念を紹介し，人間とコンピュータの対話形式がどのように進展してきたかについて学ぶ．

1.1 インタラクションとインタフェース

インタラクションとは，交流や相互作用を意味する言葉である．これを踏まえると，ヒューマンコンピュータインタラクションとは，人間とコンピュータとの間の相互的な交流作法を研究する学術分野を意味し，物理的側面だけではなく認知的側面もあわせもっている．コンピュータ科学や人間工学にとどまらず，心理学や社会学などにもまたがる学際的な研究分野であるといえよう．人間とコンピュータが ―― 一般的にいえば性質の異なる物体 A と B が交流するためには，2つの物体の間でスムーズな情報交換ができる仕組みが必要となる．

2つの異なる物体が接する面や情報交換の手段を**インタフェース**

と呼び，特に人間と人工物が接する面を**ヒューマンインタフェース**と呼ぶ．初期にはマンマシンインタフェースと呼ばれていたが，「マン」の代わりに女性を含めた「ヒューマン」という言葉が一般的になった．また，コンピュータ科学分野では伝統的にユーザインタフェースという用語がよく使用される．

図1.1は人間と人工物が交流するときのプロセスを示している[1)]．人間は人工物で実現すべき目標を立て，実行するプロセスを考え，適当な入力装置を操作する．人工物は入力情報に対応した処理を行い，その結果を出力装置を通して提示する．提示された情報を評価し満足すれば目標が達成されたことになり，そうでなければ新たな目標を設定する．例えば，運転している車の速度を上げるために（目標），右足でアクセル（入力装置）を踏み込む（実行プロセス）と，エンジン/モータの回転数が増加して速度が上がる（処理）．車の速度に対応して変化する速度計（出力装置）の数値と目標値を比較し（評価プロセス），満足すれば目標が達成されたことになる．

インタフェースがどのようにデザインされているかにより，人工物は使いやすくも使いにくくもなる．我々が日常生活において使いやすいと感じるのは，人工物の操作が，(1) 容易である，(2) 疲れない，(3) わかりやすい，(4) 覚えやすい，などのときであろう．(1) と (2) は入出力装置の物理的特性で人間の運動系や感覚系と

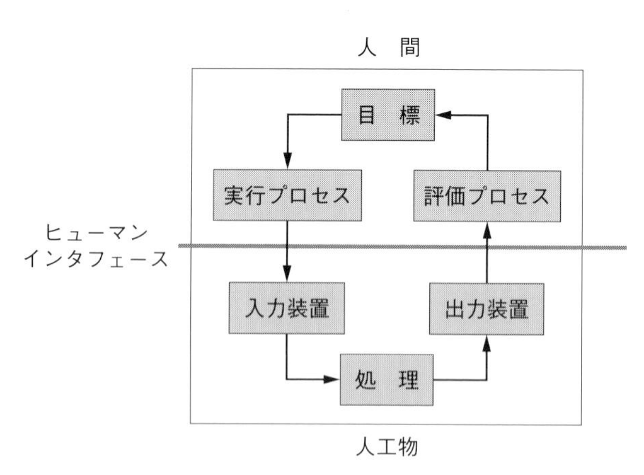

図 1.1　人間と人工物のインタラクション

関係しており，(3) と (4) は入出力情報と人間の認知特性が関係している．したがって，インタフェースをデザインするときは，インタフェースの物理的側面と認知的側面の両面を考慮しなければならない．上記の車の運転の例でいえば，アクセルペダルの大きさ，形状，バネの硬さなどが物理的側面であり，速度計の表示方法（デジタル/アナログ），メータの色などが認知的側面である．

ここまでに用いた「使いやすさ」という言葉は感覚的で定性的と思われがちだが，標準規格（ISO 9241-11：2018, JIS Z 8521：2020）では**ユーザビリティ**を次のように具体的に定義している[2]．

ISO：International Organization for Standardization, 国際標準化機構

JIS：Japanese Industrial Standards, 日本産業規格

ユーザビリティ（usability）：特定のユーザが特定の利用状況において，システム，製品又はサービスを利用する際に，効果，効率及び満足を伴って特定の目標を達成する度合い．

この定義のポイントは，ユーザビリティを計測するときには，ユーザ，利用状況および目標を確定する必要があるということである．達成すべき目標を確定することは当然だが，初心者と上級者では目標の達成時間や正確性は異なるだろうし，同一のユーザでも机に座って使用するのと歩き回りながら使用するのでは操作方法が異なるだろう．対象となるシステムやサービスのユーザビリティはユーザ，利用状況，目標を確定した上で，次のように効果，効率，満足の3つの観点で計測される（図 1.2）．

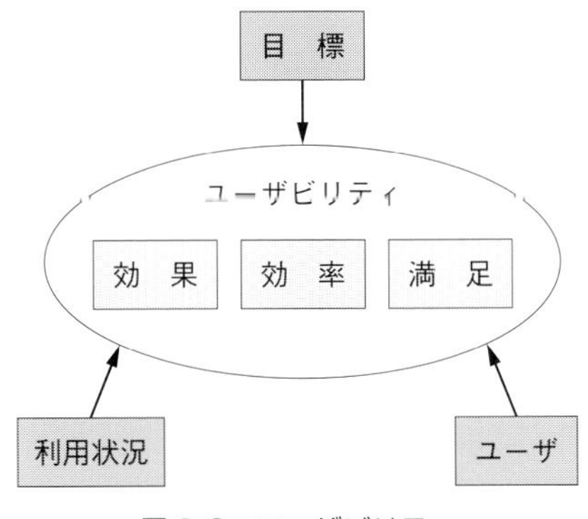

図 1.2 ユーザビリティ

- 効果：特定の目標を達成する際の正確性および完全性
- 効率：目標達成に使われた資源量
- 満足：ニーズや期待の満足度に関する身体的，認知的，感情的な受け止め方

具体的な計測対象として，効果では完全に目標を達成できた割合，エラーの割合，達成結果と目標の差などがあり，効率では目標を達成するまでの所要時間，人的労力，経費，資材量などがある．満足は主にユーザの反応でありどちらかといえば定性的だが，苦情数やシステムの使用頻度など定量的に計測できるものもある．

使いやすさの定義が明確になったところで，次節では，コンピュータを使いやすくするために，対話形式がどのように進展してきたかについて述べる．

1.2　ヒューマンコンピュータインタラクションの変遷[3)]

人間がコンピュータとどのような形式でインタラクションすべきかという問いに対して，唯一の正解を示すことはほとんど不可能であろう．なぜなら，「やかん」のように機能が単純で何百年にもわたって使用されてきたものとは異なり，コンピュータは単に機能が複雑というだけではなく，誕生してからたかだか80年であり，日々目覚ましい勢いで進化しているからである．

実際，コンピュータの低価格化，処理の高速度化，記憶媒体の大容量化，ネットワークの広帯域化，新しい対話装置の開発，ソフトウェアパラダイムの変化，一般ユーザへの普及などに伴い，人間とコンピュータの対話方式は次のような変遷を遂げてきた（図1.3）．

1．バッチ方式

メインフレームと呼ばれる高価な大型計算機が使われていた時代では，計算機室という特別な部屋にコンピュータが設置され，すべての操作はオペレータと呼ばれる操作員に委ねられていた．ユーザはパンチカード（空けた穴の位置により情報を記録するカード）に

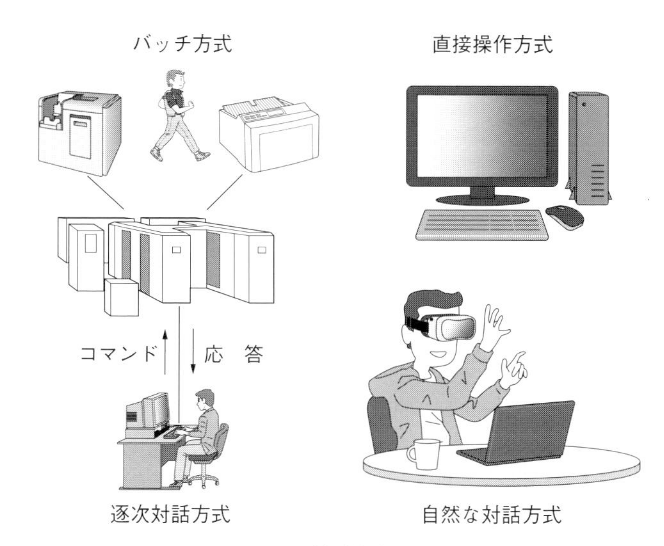

図 1.3　対話方式の変遷

打ち込んだプログラムとデータ，そのプログラムを実行するのに必要な情報（使用するコンパイラ，磁気テープや磁気ディスクなどの装置番号，データに関する情報などをジョブ制御言語と呼ばれる言語で記述したもの）をカードリーダから読ませ，ラインプリンタ（文字列1行全体を印刷するプリンタ）で印刷された実行結果を受け取った．

1970年頃まで広く用いられたバッチ方式は，高価な計算機資源をいかに効率よく使用するかに重点が置かれており，専門のオペレータが複数のジョブをうまく取り扱えるかが問題となっていただけで，一般ユーザとコンピュータとの間の直接的なインタラクションはほとんど皆無といっても過言ではなかった．

2. 逐次対話方式

ミニコンピュータの開発によるコンピュータの低価格化とタイムシェアリング方式の台頭により，一般ユーザもコンピュータと直接インタラクションすることが可能となった．このとき用いられた入出力装置はキーボードとキャラクタディスプレイで，人間とコンピュータは文字による対話を行った．そして，このときに用いられたのが英単語などで構成されたコマンド言語であり，コマンド言語はその汎用性から現在も広く用いられている．

この方式は，人間がキーボードでコマンドを入力するとコンピュータが応答し，その応答結果によって再びコマンドを入力し応答を受け取るという，いわゆる逐次対話の形態を取っている．コマンド言語でコンピュータと対話するためには多くの知識を必要とするので，これを使いこなせる人間は専門家やコンピュータマニアなどまだほんの一部であった．1985年頃まで中心だった逐次対話方式は，インタラクションにおいてコンピュータの機能をそれほど必要としない代わりに，人間側に大きな負担を強いたものである．しかし当時の技術水準と実現コストを考慮すれば，当然の結果であるといえよう．

3．直接操作方式

大規模集積回路を用いたマイクロコンピュータの開発は，コンピュータのいっそうの低価格化を促し，ついには個人がすべてのコンピュータ資源を占有するパーソナルコンピュータが登場した．初期のパーソナルコンピュータは能力も限られておりコマンド言語による逐次対話方式であったが，ビットマップディスプレイとマウスをはじめとするポインティングデバイスの開発により，ディスプレイ上のオブジェクトを直接操作する直接操作方式が実用化された．

机上で用いるパーソナルコンピュータではマウスなど間接的なポインティングデバイスを利用することが多いが，移動しながら利用するスマートフォンやタブレット端末では画面に直接触れて指で操作することがほとんどである．指での操作はより直接的な感覚を得ることができるが，細かい位置指定には向いていない．

*第3章3.3節参照．

現在の対話形式の中心となっている直接操作方式は，日常生活で慣れ親しんだオブジェクトと，それに対する操作のメタファ*を用いてコンピュータを操作できるので，直感的であり非常にわかりやすいといえる．例えば，不要なファイルをゴミ箱に捨てる，複数のファイルをフォルダにまとめるなどがこれに当たる．コンピュータの低価格化だけでなく，直接対話方式の操作性のよさが，現代社会におけるコンピュータの一般大衆への普及を促したといっても過言ではないだろう．

4. 自然な対話方式

これまでのヒューマンコンピュータインタラクションの歴史を振り返ってみると，コンピュータの機能や能力の増大とともに，その進化はインタラクションにおける人間側の負担を減らすことに振り向けられてきたことがわかる．いいかえれば使いやすいコンピュータを目指してきたわけであり，この流れは今後も続いていくだろう．

さまざまなセンサや VR，AI など新しい技術の実用化により，自然言語や人間の動作を中心とした対話方式が進展している．キーボード，ディスプレイ，ポインティングデバイスは応用分野によっては今後も使用され続けるであろうが，それに加えて自然言語や身体動作など人間とコンピュータの間のコミュニケーションチャネルが広がってきている．自然なインタラクションにより，コンピュータの存在を意識することなく必要なタスクを進めていくことが可能となるだろう．

また最近注目されているのは，脳波や脳血流など脳から得られる生体信号を利用したブレインマシンインタフェースである．特に手足に障がいを抱えた人には，考えるだけで操作できるインタフェースは非常に有用である．ブレインマシンインタフェースを，モノの操作だけではなくリハビリテーションに応用しようという研究も進んでいる．

演習問題

問 1　インタラクションとインタフェースの違いを説明せよ．

問 2　人工物の操作がどのようであると，我々は使いにくいと感じるか．物理特性と認知特性に関連するものに分けて例を挙げよ．

問 3　コンピュータとの対話形式が進展したことにより，具体的にどのような変化があったと考えられるか．

第2章

人間の感覚と知覚

ヒューマンコンピュータインタラクションを設計評価するためには，人間の特性をしっかりと把握しておく必要がある．本章では，ヒューマンインタフェースとは何かからスタートして，人間の感覚や知覚の特性や，生理特性について学ぶ．

2.1 人間の感覚と知覚

人間は自分の身の回りの環境情報を，五感，すなわち視覚・聴覚・嗅覚・触覚・味覚を通じて感じ取ることができる．もう少し厳密にいうと，感覚器官を通じて得られた環境についての情報は脳に送られ，脳がこの情報を過去の経験と照合することにより，知覚経験に変換される．それぞれの感覚器官は，ある物理的刺激に反応することになるが，「刺激の物理的変数の値」と「人間が感じる心理的変数の値」とは異なったものであることに注意する必要がある．例えば，視覚についていえば，光の物理的側面を定義し測定することは容易であり，「エネルギー」や「スペクトル」は正確に計測できる．一方，光についての心理的変数は，例えば「明るさ」や「色相」であり，それ以外に「コントラスト」なども考え得る．この物理的変数と心理的変数の関係は非常に複雑で，強い非線形性をもち，さらに相互の関係は独立でもなく，また文脈依存性も存在する．

このような中で，感覚生理学の分野では，種々の感覚に対する基礎的な実験が繰り返され，物理的変数と心理的変数の間の多くの知見が得られてきた．その際，心理的側面の測定が最も困難であるが，長年の研究から実験参加者の課題を基礎的なものに限定して，「信号の存否」や「信号の比較」のみを質問することにより，入念に計画された実験では心理的変数が計測できるようになってきた．

ここでは，それらの中で，すべての感覚に共通に成立することが知られている**ウェーバー・フェヒナーの法則**と**スティーブンスのべき法則**を紹介する．

1．ウェーバー・フェヒナーの法則

ウェーバー：E. H. Weber
フェヒナー：G. T. Fechner

ウェーバー・フェヒナーの法則は，ある感覚器官を通じて人間が感じる感覚の大きさをS，その物理的刺激量の大きさをIとしたとき

$$S = k\log I + c \quad (\log\text{は自然対数，}k\text{と}c\text{は定数}) \qquad (2\cdot1)$$

つまり，人間の感覚は，刺激量の対数に比例するというものである．この関係は，ウェーバーとフェヒナーの２人により経験的に導かれたものである．まず，ウェーバーは，大きさの異なる２つの刺激を与え，その刺激量の差のうち検知できる最小の値をΔIとすると，そのときの刺激の大きさIとΔIの間には，$\Delta I/I$が一定という関係が成り立つことを発見した（この比は，ウェーバー比と呼ばれている）．さらに，フェヒナーは，「心理的感覚量の変化分がウェーバー比に比例する」と仮定して

$$\Delta S = k\frac{\Delta I}{I} \qquad (2\cdot2)$$

と置くことにより，式（2・1）の関係を導いた．なお，この式のkの値は，感覚の種類によっても，また刺激の履歴によっても異なる値をもつ．さらに，式（2・2）は，同じ感覚量でもある範囲のみで成立する近似則を表すものである．

2．スティーブンスのべき法則

ウェーバー・フェヒナーの法則によると，物理刺激の強度が大き

くなるにつれて，感覚量は変化しにくくなることになる．一方，電気ショックや色の彩度では物理刺激の強度が大きくなるにつれて，感覚量は急激に増大する．また，線の長さや音の長さなどでは感覚量と物理量が線形に近い関係がある．これらのようにウェーバー・フェヒナーの法則に当てはまらない事例が多く報告された．

スティーブンス：S. S. Stevens

そこで，米国の実験心理学者スティーブンスは，闘値によって感覚の大きさを測るのではなく，心理量を直接尺度化する方法である「**マグニチュード推定法**」を用いてデータを収集し，その測定結果に基づいて，感覚量が刺激の物理強度の対数ではなく，べき乗に比例することを提唱した．この関係式は，感覚量を E とすると

$$E = kI^{\alpha} \qquad (2 \cdot 3)$$

で表され，スティーブンスのべき法則と呼ばれる．このとき，I は基準刺激の強度，k は刺激の種類と使用する単位によって決まる比例定数である．α はべき指数で，感覚モダリティおよび刺激条件によって異なる定数である．具体的な α の値は，指先への交流の電気刺激では 3.5，暗黒中の 5° 視標の輝度では 0.33，3 kHz の音の音圧では 0.67 などと報告されている．$\alpha < 1$ のときは，感覚の強さの増加の割合は刺激が強くなるほど減少し，$\alpha > 1$ のときは，感覚の強さの増加の割合は加速度的に増加する．$\alpha = 1$ のときは線形となり，例えば物体の長さを視覚で評価するときが該当する．

3. 人間の視覚の特性

(a) 人間の眼球の構造

人間の眼球は，図 2.1 のような構造になっており，角膜，房水を通過した光は，水晶体により，網膜上に外界の映像を結像する．このとき，虹彩（または，その開口部である瞳孔）は眼に入る光の量の調節を行う．つまり，非常に明るいと瞳孔は小さくなり，暗い場合には大きくなる．また，水晶体は，可変焦点型のレンズの役割を果たすことになる．網膜は，光の刺激を光化学反応によって生理学的な応答に変換する働きをもつ．

網膜の視細胞には，**錐体**（すいたい）と**杆体**（かんたい）と呼ばれる 2 種類が存在し，錐体は明るいときに活発に働き，光の波長弁別機能（色識別機能）を備えているが感度はそれほど高くない．一方，杆体は暗いときに活発

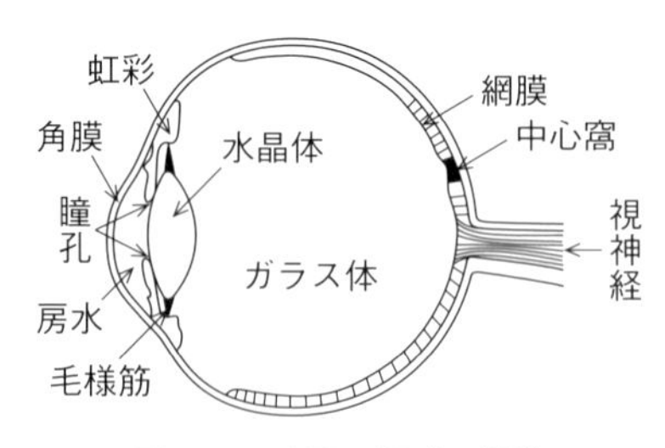

図 2.1　人間の眼球の構造

に働き，錐体よりも感度は高いが光の波長弁別機能はもたない．また，錐体と杆体の網膜上の分布は一様ではなく，錐体は，網膜の中心部の**中心窩**（ちゅうしんか）と呼ばれる部分に密に分布しているが，杆体は中心窩には存在せず，その外側の周辺にいくに従って徐々に密度を減じる形で分布している．さらに，眼の構造上，錐体と杆体ともに分布しない盲点も存在する．このような視細胞で処理された情報は，視神経を通じて大脳視覚中枢に送られることになる．

(b) 明るさの知覚

明るさというのは，光に対して人間が感じる心理的変数の一つであり，物理量としては一次的には光の強さに対応するが，二次的には波長や目の順応の影響も受ける．

人間が光の存在を感じるためには，ある一定値以上の光量が目に入ってくる必要がある．この最小光量のことを光覚閾（こうかくいき）といい，光の波長や光刺激の継続時間（刺激時間），光刺激の面積（刺激面積），網膜上の位置などにより，その値は影響を受ける．例えば，刺激面積 A に対しては，A が小さいときには光覚閾を I として

$$IA = \text{一定} \qquad (2\cdot4)$$

リッコ：A. Ricco

が成立し（リッコの法則），A が大きいときには

$$IA^{\frac{1}{2}} = \text{一定} \qquad (2\cdot5)$$

パイパー：H. Piper

が成立する（パイパーの法則）．

一方，光覚閾 I と刺激時間 T の関係に対しては，T が小さい範囲では

$$IT = \text{一定} \qquad (2\cdot6)$$

であるが，刺激時間が長くなると

$$I = \text{一定} \qquad (2\cdot7)$$

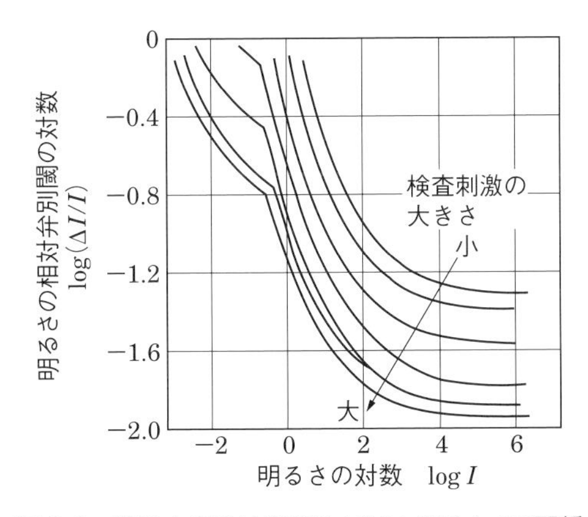

図 2.2 明るさの相対弁別閾 $\Delta I/I$ と明るさ I の関係

の関係にシフトしていく．

一方，光の弁別閾というのは，明るさの差を区別するのに必要最小な光強度のことをいう．この最小値 ΔI は，そのときの光強度 I によって異なるため，2.1 節 1 項で述べたウェーバー比 $\Delta I/I$ が相対弁別閾として用いられる．図 2.2 に $\log(\Delta I/I)$ と $\log I$ の関係をプロットした測定例を示す．この図に示すように，I の増大に伴って $\Delta I/I$ は減少するが，I が大きくなると $\Delta I/I$ は一定値に近づく．なお，$\log I = 0$ 付近で折れ曲がりが見られるのは，錐体視と杆体視が入れ換わるためである．

人間が心理的に感じる明るさは，単に光の物理量だけで決まるのではなく，問題としている領域の周辺の状況にも影響を受ける．明るさとコントラストとの関係で古くから知られている有名な例としては，マッハ現象がある．この現象は，図 2.3 の破線で示すような光強度の分布を実現すると，人間にとって知覚される明るさは実線のようになり，擬似的な帯を感じることになるというもので，この帯はマッハバンドと呼ばれている．

マッハバンド：
Mach band

(c) 色 覚

色は，物理学的には光の波長と密接な関係があるが物理的変数でなく，人間が感じる心理的変数である．(a) で述べたように網膜の視細胞のうち錐体が光の波長弁別機能を有しているが，その錐体の性質を調べてみると，3 種類の波長応答特性を有する型が存在し，

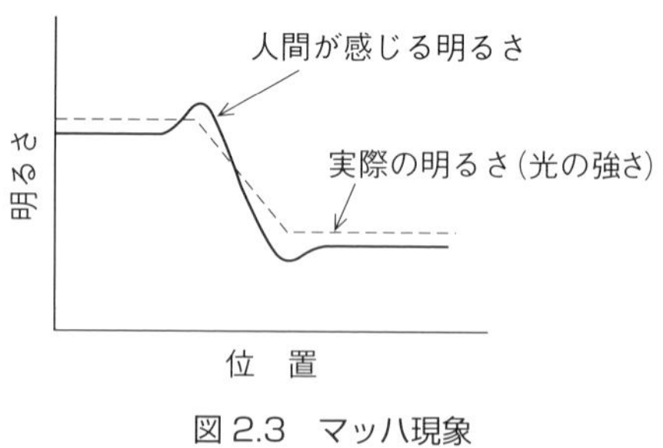

図 2.3　マッハ現象

そのピークはそれぞれ 420 nm 付近（青），530 nm 付近（緑），560 nm 付近（黄緑）にあることが明らかになった[1)]．これは，光の三原色である赤緑青とは直接対応していないが，主に感じる光の色と錐体の対応から，三原色受容器と呼ばれることがある．

一方，反対色の3つのペア，すなわち青 - 黄，赤 - 緑，黒 - 白の3つの知覚システムが存在し，これらのそれぞれの出力の組合せに従って色覚が構成されると考える説もあり，これもまた多くの事実により支持されている．例えば，緑を見つめるとその周辺部は緑の補色である赤みを帯びてくる．同様に，黒を見つめると周辺部は白くなってくる．また，残像でも，青を長い時間眺めていて，目を白い面に移すと，黄色の残像を生じる．これらの現象に対しては，「刺激されている受容器が疲労したときに，視線を動かすと，相対するもう一方の受容器が活発に働く」という考え方がごく自然に受け入れられている．

現在では，三原色説と反対色説は相反するものではなく，網膜の視細胞では三原色説が成立し，網膜の出力の段階では反対色説が成立するという考え方が定説となっている．

(d) 視覚の時間特性

ステップ状の光刺激が与えられたときの明るさの過渡的な応答特性は，図 2.4 のような形で与えられる．なお，図においては，パラメータとして，光刺激の照度をルクス〔lx〕という単位で表したものが用いられている．図 2.4 からわかるように，50～100 ms 程度でピークに達し，その後減少して一定値に達することになる．また，定性的には，刺激の光強度が強いほど，立ち上がり時間が短くな

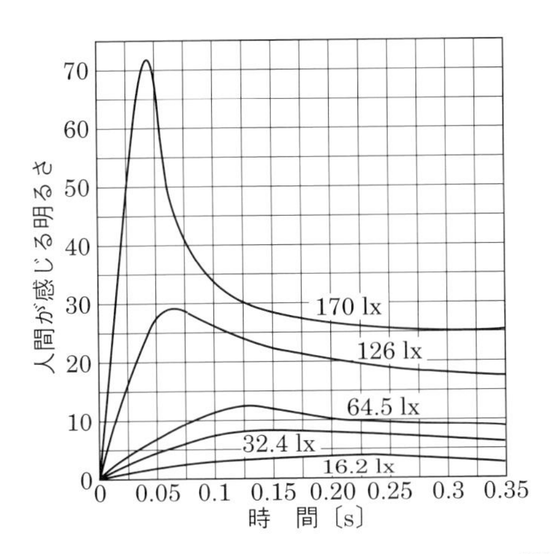

図 2.4　ステップ状の光刺激に対する明るさの感覚

ブロッカ：A. Broca
ザルツァー：D. Sulzer
CFF：critical flicker frequency

る．この現象はブロッカ・ザルツァー現象と呼ばれる．

一方，光がある周期で明滅しているとき，人間にとって連続光として感知される周波数を臨界フリッカ周波数（CFF）という．このCFFは，光の強さや網膜の部位によって異なるが，CFFをFとし，光の強さをIとしたとき

$$F = a \log I + b \quad (a,\ b\text{は定数}) \qquad (2 \cdot 8)$$

という関係があることが知られている．また，このときに感じる明るさは刺激光の時間平均輝度と同じ強さをもつ光の明るさと同等となる．これはタルボーの法則と呼ばれる．

タルボー：S. A. Talbot

(e) 形と奥行きの知覚

視覚により知覚される物体は，単に網膜上の像の形だけで決まるのではなく，大脳の高次機能と一体となっているため，形や奥行きの認識に関して多くの興味ある事実が発見されてきた．

図 2.5 は，昔から知られている有名な図形と背景の知覚の問題である．この図は，見方によって，向かい合っている人の顔が見えたり，花瓶が見えたりする．一方，形の知覚に関しても，よく知られている錯視現象が多く存在する．例えば，図 2.6（a）は，2本の線分の長さが同じであるにもかかわらず，下のほうが長く見える例である．また，図 2.6（b）においては，平行線の中央部が膨らんでいるように見えるし，図 2.6（c）においては，中心の円の大きさは同

図 2.5　図と地の反転図形の例

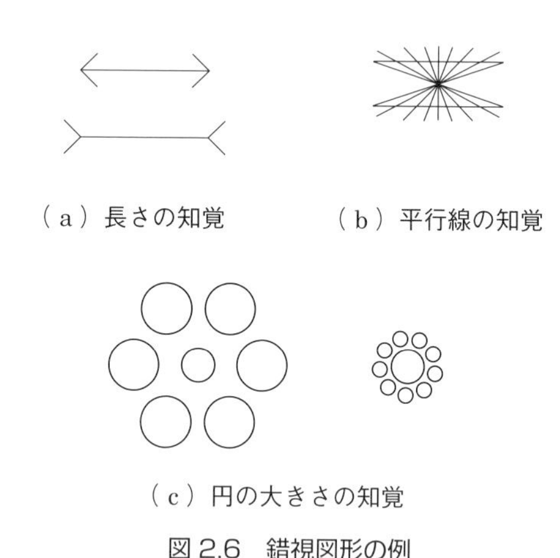

（a）長さの知覚　（b）平行線の知覚

（c）円の大きさの知覚

図 2.6　錯視図形の例

じにもかかわらず右のほうが大きく見える．

4. 人間の聴覚の特性

(a) 人間の耳の構造

人間の耳の構造は図 2.7 のようになっている．音，すなわち空気の振動は外耳道を通って，鼓膜に達し，鼓膜を振動させる．この振動は，槌骨，砧骨，鐙骨よりなる耳小骨を通じて前庭窓に伝えられる．前庭窓の振動は，蝸牛の中のリンパ液を通じて，有毛細胞に伝えられ聴神経によって脳に伝えられる．前庭窓に近い有毛細胞ほど高い周波数に共鳴し，奥にいくほど低い周波数となる．この機械的な特性により，人間の可聴域は概ね 20 Hz から 20 kHz となる．

このような聴覚のもととなる物理的変数は，空気の振動であり，

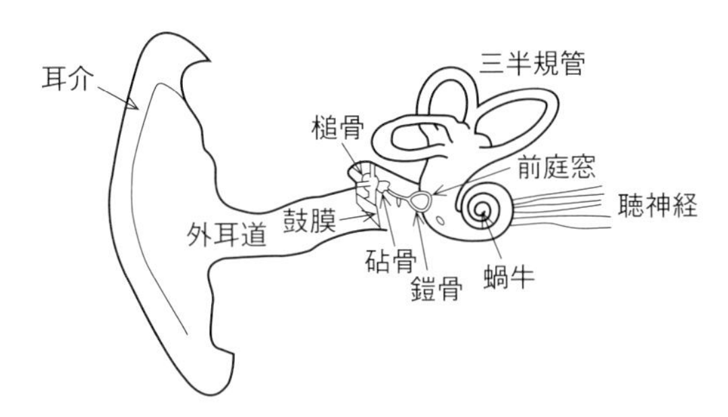

図 2.7　人間の耳の構造

物理的には振幅，周波数，位相などの概念が存在する．一方，聴覚の心理的変数としては，「音の大きさ」「音の高さ」「音色」などがあり，これらは種々の物理的変数や状況によって感じ方が異なる．

(b) 音の大きさ

音の大きさは，人間が音に対して感じる最も基本的な心理的変数であり，一次的には音の強度の影響を強く受けるが，二次的には周波数なども影響を与える．図 2.8 に，音の大きさの知覚における周波数–強度平面における等感曲線を示す．この図は，例えば 1 kHz（＝1 000 Hz）において音圧レベル 30 dB SPL（単位については後述）の音と同じ大きさの音をもし 20 Hz で生じさせるとすると約 88 dB SPL となり，非常に強い音圧でないと同等に感じないことを示している．なお，2 つの強度 I と I_0 の差を表す dB は

$$\mathrm{dB} = 10\log_{10}\left(\frac{I}{I_0}\right) \qquad (2\cdot 9)$$

と定義されており，88 dB と 30 dB の差 58 dB は，約 10^6 倍に相当する．また，dB SPL というのは，0.000 02 Pa の標準基準値で記述された音圧レベルをいう．

SPL：sound pressure level

1 Pa＝1 N/m²

また，音の強さに関しては**マスキング**という現象が存在する．これは，ある一定周波数と一定強度のマスク音が同時に存在するときには，周波数–強度平面においてある領域の音しか聞こえなくなるというものである．図 2.9 に典型的な測定例を示すが，この例は，マスク音の周波数が 1 kHz でその強度が図中に示される数字のときに聞こえなくなるテスト音の範囲を閉領域で示している．このマスキング現象の特徴は，その非対称性にあり，マスク音よりも低い周

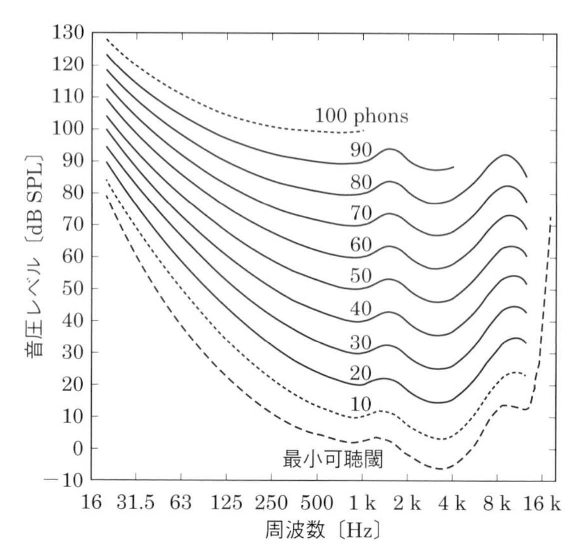

図 2.8　音の大きさの等感曲線[2)]

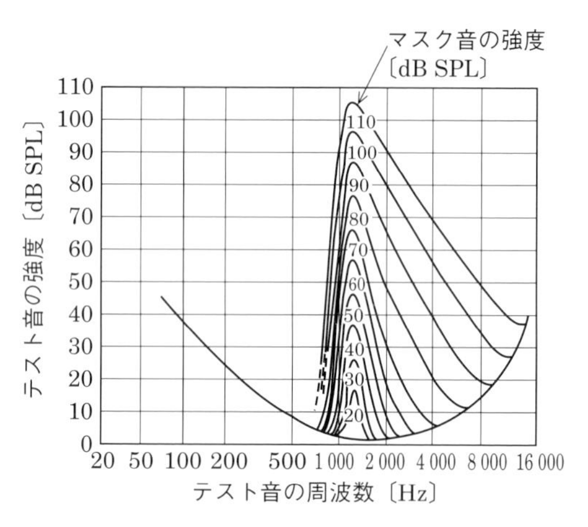

図 2.9　マスキング現象の実測例（マスク音の周波数が 1 000 Hz の場合）

波数にはほとんど影響を及ぼさないのに，それより高い周波数の範囲には聞こえなくなる領域が広く存在している．

(c) 音の高さ

楽譜で使われる音階は，音の周波数とは対数の関係になっており，周波数が2倍になると音階が1オクターブ上がる．ところが，人間が感じる音の高さは非線形性をもっており，音階と人間が感じる音の高さは必ずしも一致していない．そのため，人間が感じる音の高さの単位として，1 kHz，40 dB SPL の音の高さを1 000 メルと定義して音の高さを表すメル〔mel〕が用いられる．

また，音の周波数の変化に対する最小弁別閾については，100 Hz 付近では約3 Hzで約3％であるのに対して，周波数が上昇するにつれてそのパーセンテージは下がり，1 kHz 付近より上では，ウェーバーの法則が成り立ち，ほぼ0.3％で一定となる．

(d) 聴空間知覚

人間は，2つの耳をもっており，それぞれの耳に到達する情報の差によって，音源の位置を感じ取ることができる．これは，音源定位と呼ばれるが，原理的には，低周波数領域ではそれぞれの耳に達する時間差により，また高周波数領域ではそれぞれの耳に達する強度差により検知されると考えられている．両者の境界領域は，ほぼ1～5 kHz にあり，このあたりでは音源定位の精度が落ちることになる．

なお，人間が2つの耳をもっていることは，音の空間知覚能力を与えるだけでなく，音の識別能力の向上にも役立つ．例えば，大勢の人がしゃべっているパーティなどの席でも，ある人の会話のみを選択して聞くことが可能である．これは，音源の方向を選択して，そちらに注意を集中することにより実現される．また，一方の耳に雑音と信号の両方が入り，もう一方の耳に雑音のみが入ると，まるで雑音が相殺されるように明瞭度が増加する現象も存在する．

5. 人間の触覚の特性

人間の五感の一つである触覚は，我々が生活している場において，外界からの刺激を体全体で受け止めることにより得られるものである．つまり，触覚は人体と外界との間の物理的な相互作用があって初めて感じられるものであり，自分の体の存在が重要な意味をもつとともに，自分自身の行動と不可分であり，また体全体の任意の場所で発生することが，他の感覚，例えば視覚や聴覚と異なる点である[3]．

(a) 触覚の基本構造

我々が通常「触覚」と呼んでいる感覚は，感覚生理学の分野では**体性感覚**と呼ばれる．この体性感覚は，皮膚に分布した複数の種類の感覚受容器が検出する感覚と，筋肉や腱，関節などに加わる力により生じる感覚が組み合わさって，総合的に感じるものである．このうち，前者の「皮膚に分布した複数の種類の感覚受容器が検出する感覚」を皮膚感覚，後者の「筋肉や腱，関節などに加わる力により生じる感覚」を深部感覚と呼ぶ．つまり，体性感覚とは，皮膚感覚と深部感覚が合わさったものである．

さらに，皮膚感覚は，次の４つの感覚に分類される．

- 触圧覚：皮膚のある位置において触圧刺激を感じる感覚
- 温　覚：皮膚のある位置において高温刺激を感じる感覚
- 冷　覚：皮膚のある位置において低温刺激を感じる感覚
- 痛　覚：皮膚のある位置において痛みのある刺激を感じる感覚

一方，深部感覚は，次の４つの感覚に分類される．

- 運動覚：身体の一部が能動的または受動的に運動していることを感じる感覚
- 位置覚：身体の一部が能動的または受動的にとった相対的位置を感じる感覚
- 深部圧覚：物を押したり引いたりするときにその物体の抵抗を感じたり，物をもったときにその重みを感じる感覚
- 深部痛覚：体の内部の痛みを感じる感覚

これらの体性感覚（皮膚感覚および深部感覚）の情報は，末梢神経を通じて脳に送られ，環境に対する総合的な触覚として感じられることとなる．

(b) 皮膚感覚

人間の皮膚および皮下組織内には，マイスナー小体，クラウゼ小体，ルフィニ小体，パチニ小体，メルケル細胞，毛包終末などの感覚受容器が存在し，これらが触圧覚，温覚，冷覚，痛覚の感覚を生じていると考えられるが，皮膚感覚の種類と感覚受容器の対応関係は必ずしも明らかとはなっていない．

しかし，以下のような対応関係が成立している可能性は高いといわれている．

- 触圧覚受容器：
  軽い触刺激（マイスナー小体，クラウゼ小体，毛包終末）
  圧迫刺激（メルケル細胞，ルフィニ小体）
  振動刺激（パチニ小体）
- 痛覚受容器：自由神経終末

なお，20 世紀末ごろまでは温覚受容器はルフィニ小体，冷覚受容器はクラウゼ小体であるとされていたが，現在は特定の受容器は示されていない．受容器の構造として明確な構造をもたない自由神経終末が温度感覚や痛覚などを伝える役割を果たしている．

また，機械的な刺激を与えられた機械受容器の感覚神経応答（神経スパイク列）の特性を図 2.10 に示す．刺激が与えられた瞬間と与えられている間で神経インパルスの発火に違いが見られることがわかる．それぞれ受容野の広さや順応特性ごとに神経終末器官が対応していると考えられている．

皮膚感覚の受容器の密度分布は感覚の種類や身体の部位により異なり，それぞれの感覚点の数は，次のようになっている．なお，感

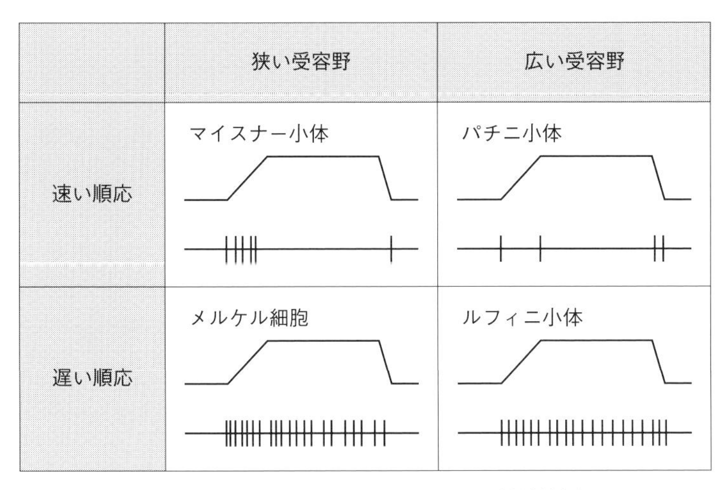

図 2.10　機械刺激に対する受容器の応答特性[4]

覚点は，周囲よりも感覚感受性の特に高い部位をいい，感覚点の近くに存在する受容器の密度分布を反映していると考えられる（各数値は，1 cm^2 に存在する感覚点の数を示す）．

- 触圧覚：10～100（指先・鼻で 100 以上，大腿部で 11～13）
- 温　覚：1～4（口蓋，角膜などでは温かさは感じない）
- 冷　覚：3～15（口蓋，角膜などでは冷たさのみ感じる）
- 痛　覚：50～350（角膜，鼓膜で特に密である）

さらに，各感覚の検出能力，すなわち検出できる最小値や検出範囲も感覚の種類と身体の部位により異なり，次のようになっている．

- 触圧覚：指先・鼻（0.3～0.5 gf/mm^2 以上で動作）
  前腕・体幹部（3.0～10.0 gf/mm^2 以上で動作）
- 温　覚：32～45 ℃で動作
- 冷　覚：10～30 ℃で動作

なお，温覚・冷覚に関しては，31 ℃付近では，外界温度を感じない不感温度が存在する．また，10 ℃以下の低温または 45 ℃以上の高温では痛覚が起こるが，これはこの温度になると痛覚受容器が動作するためである．さらに，熱いものに触れたときに，かえって冷たく感じることがあるが，これは冷覚受容器の中に，45 ℃以上の温度で動作するものがあるためで，これは矛盾冷覚と呼ばれる．

4 種類の皮膚感覚には，刺激が長時間持続していると，受容器からの応答が減ってくる**順応**という現象も見られる．例えば，温度の高いものが皮膚に接触したとき，最初は熱く感じるが，徐々に熱い感覚が薄れてくるもので，温度だけでなく，触圧覚や痛覚でも，この順応現象は見られる．

(c) 深部感覚

ここでは，深部感覚のうち，自分自身の身体の動きに関する感覚である「運動覚」「位置覚」「深部圧覚」について述べる．これらは，基本的に筋肉や腱，関節などに加わる力により生じる感覚であるが，身体の深部に存在する感覚受容器としては，筋に存在する筋紡錘，腱に存在する腱器官，靭帯や関節に存在するゴルジ終末，ルフィニ小体などの受容器がある．これらの機能は，以下のとおりである.

- 筋紡錘：筋の伸張度を出力する受容器
- ゴルジ腱器官：腱に生じた張力を出力する受容器
- ゴルジ終末：関節靱帯にあり，関節位置を出力する受容器
- ルフィニ小体：関節嚢(のう)にあり関節の運動の速度と方向を出力する受容器

これらの受容器の出力が組み合わさって，脳において運動覚，位置覚，深部圧覚が形成されると考えられているが，詳細なメカニズムについては，まだ解明されていない部分も多い.

ただし，これらの感覚に関して，いくつかの知見は得られている．例えば，関節や関節嚢を除去しても，位置覚や運動覚はほとんど影響を受けないことが確かめられており，関節の受容器の位置覚や運動覚への寄与はそれほど大きくないと考えられる．一方，筋紡錘やゴルジ腱器官については，振動刺激を加えると，筋が伸張したり，収縮したような錯覚が観測されており，筋紡錘やゴルジ腱器官の位置覚・運動覚への影響は大きいことが確かめられている.

(d) アクティブタッチとパッシブタッチ

アクティブタッチというのは，周りの状況を知るために人間が自発的に行う接触の行為をいう．例えば，暗がりの中で，手を使って身体周囲の環境を探索し，周りにある物体の表面の状況や形，重さなどを効率よく知ることができるのは，その一例である．つまり，アクティブタッチの場合には，単に皮膚表面からの皮膚感覚情報だけでなく，手の動きによって起こる運動感覚および予測に基づく脳からの運動あるいは行動指令が得られている点が異なる[5].

カッツ：D. Katz

ギブソン：J. J. Gibson

このアクティブタッチは能動的触覚と訳されており，歴史的には，カッツが「人間は能動的に触れることにより，自分自身や外界を知ることができる」ことを指摘し[6]，またギブソンは，感覚を能動的なものとして捉えるとき，皮膚・関節・筋に存在する受容器群が共同して機能する複合的な知覚系が重要であり，人間はこの知覚系を使って，身体に接触する環境や対象物，あるいは自分自身の身体を知覚できると主張し，これをハプティックシステムと呼んだ[7].

それに対して，パッシブタッチは受動的で外部から与えられる刺激

で生じる触知覚である．例えば，物体を手に押し付けられたときに生じる触知覚である．

その後，アクティブタッチとパッシブタッチの差異について多くの研究が行われ，物体表面の粗さの知覚に関しては差がないものの，触対象の形の知覚に関しては，アクティブタッチのほうが優れているという見解が支持されている．

6．人間の嗅覚・味覚の特性

嗅覚では，揮発性の化学物質（匂い物質）から情報が得られる．人間には鼻の内側を覆う粘膜上に350種類以上の**嗅覚受容体**が存在すると考えられている．匂い物質は，鼻腔の奥の嗅粘膜上を覆う粘液に溶け，嗅細胞から出る嗅毛にある嗅覚受容体と結合する．嗅覚受容体と分子とは1対1の対応ではなく，分子によっては複数の受容体に検出される．そのため，検出される受容体の組合せで多様な匂いの嗅ぎ分けが可能となっている．また，匂いの経路には，鼻から入るものと，喉から入るものがある．炭酸ガスなどは嗅覚神経ではなく，三叉神経*を介した感覚受容によって脳へ送られる．

＊痛覚や触覚といった顔の感覚を脳に伝える末梢神経．

匂いの体験の質は，分子の構造によって一意に決まらないことが知られている．つまり，似たような匂い体験を異なる構造の物質で生じさせることができる．また，匂いの感じ方は経験や学習に大きく影響される．

味覚では，口腔内で水や唾液に溶けた化学物質から情報が得られる．この化学物質は舌や口蓋，咽頭に存在する**味蕾**（みらい）と呼ばれる受容体で感知される．主な味質は甘味・酸味・旨味・塩味・苦味で，基本五味として分類される．かつては，いわゆる「味覚地図」によって舌の位置に応じて感じる味が異なるといわれてきたが，これは誤りであり，すべての味蕾には，舌の場所によらず，すべての基本五味の受容体が存在する．また，受容体の観点からそれぞれの基本味は独立であることが示されており，基本味の組合せから他の基本味をつくることはできない．さらに，基本五味ではないが，トウガラシなどの辛味成分のカプサイシン，冷線維刺激性のメントール，タンニンの渋味などは味覚神経ではなく，熱痛覚や触覚とされ，三叉神経を介した感覚受容によって脳へ送られる．基本五味を組み合わせることで，ある程度の種類の味を合成することができるが，一般に複数の刺激が与えられた場合，味の相互作用が生じ，単純な刺激の和とはならない．また，スイカに少量の塩をかけると甘みが増すような対比効果，そして，刺激への順応や刺激の提示順序，刺激や舌の温度が味覚に影響を及ぼすことが知られている．

化学物質を用いない，電気刺激による味覚の研究も進んでいる．舌側を陽極とする電気刺激によって酸味や苦味といった「電気味」が感じられ，逆に舌側を陰極とする電気刺激を与えることで飲料などの電解質の呈する味を抑制することが報告されている．

さらに，匂いと味は相互に強く影響することも知られている．受容体レベルでは，化学物質の識別は味覚よりも嗅覚のほうが優れている．

7. マルチモーダルとクロスモーダル

日常生活では，1つの感覚だけを使っている状況はそれほど多くない．複数の感覚から得られる異なる側面の情報を使って，その対象のもつ情報を得ることが一般的である．つまり，単一の感覚（ユニモーダル）ではなく，複数の感覚（マルチモーダル）に基づいた情報処理が行われていることが多い．マルチモーダルでは，異なる感覚器官からの情報を脳内で統合し，再構成することで対象を理解する．時間的にほぼ同時に提示されたものや空間的に近接しているものをひとまとめにする処理が，意識されずに実行されている．マルチモーダルはユニモーダルの情報の単純和ではなく，質的にも異なる知覚体験を生じさせる．

それに対して，ある感覚情報が他の感覚情報やメカニズムに干渉して感覚情報そのものが変化する，クロスモーダル現象がある．例えば，「バ」という音声と同時に「ガ」と発音する顔の映像を提示すると，いずれとも異なる「ダ」という第三の音韻が知覚されるというように，視覚が聴覚に影響して，聞こえを変化させる**マガーク効果**がある．この現象は，視覚情報である口の動きによって聴覚情報による音韻知覚が変調されることを示している．ほかには，視覚と触覚のクロスモーダル効果である「大きさ－重さ錯覚（size-weight illusion）」もよく知られている．これは，物理的な質量が同一で

マガーク効果：McGurk effect

あっても，見た目のサイズが小さいほうを重く感じるという現象である．この現象は，重さが同じであるという事実を知っていてもなお生じることが知られている．また，かき氷のシロップのように色と匂いで味が変わったように感じるものも，クロスモーダル現象である．

アーンスト：M. Ernst
バンクス：M. Banks

感覚間一致とは異なる形での感覚モダリティ間の相互作用として，異なる感覚モダリティに入力された刺激を１つの事象として知覚・認識する処理として定義されている多感覚統合がある．多感覚統合においては，感覚間一致と異なり，複数の感覚モダリティ刺激が１つの事象として知覚されるような時空間的な一致性が重要な要素となる．多感覚統合では，アーンストとバンクスによって提案された最尤推定モデルが知られている[8]．ノイズの大きな環境において独立する感覚から認識する情報は確率モデルで表され，特に正規分布に従うと考えられる場合はこのモデルで記述できる．最尤推定モデルでは，各感覚情報の信頼度はその感覚が従う正規分布の分散によって決まり，感覚情報の分散が小さい場合は信頼度が高いとされる．感覚統合時の推定結果に各感覚情報が占める重みはそれぞれの感覚情報の信頼度によって決まる．例えば，統合結果として推定される量 S_{vh} は視覚のみによって推定された量 S_v と触覚のみによって推定された量 S_h を用いて，次のように表される．

$$S_{vh} = w_v S_v + w_h S_h \qquad (2\cdot10)$$

ただし，w_i は重み（$i = v, h$）であり，視覚の分散 $\sigma_v{}^2$ と触覚の分散 $\sigma_h{}^2$ を用いて，次の式で表される．

$$w_i = \frac{\dfrac{1}{\sigma_i{}^2}}{\dfrac{1}{\sigma_v{}^2} + \dfrac{1}{\sigma_h{}^2}} \qquad (2\cdot11)$$

また，統合時の信頼度に対応する分散 $\sigma_{vh}{}^2$ は，次のように表される．

$$\sigma_{vh}{}^2 = \frac{\sigma_v{}^2 \cdot \sigma_h{}^2}{\sigma_v{}^2 + \sigma_h{}^2} \qquad (2\cdot12)$$

なお，最尤推定モデルでは異なる感覚情報が独立していると仮定している．例えば，ある物体の幅を推定するとき，視覚から得られる情報で推定された値と触覚から得られる情報で推定された値とを統

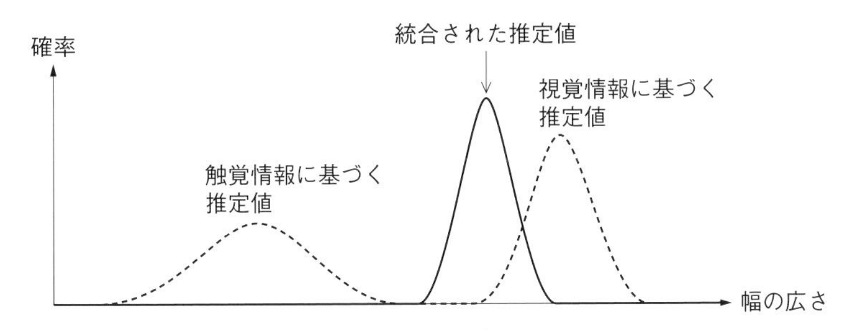

図 2.11　最尤推定モデルによる多感覚統合の推定結果

合する形で推定することが説明できる（図 2.11）.

2.2　人間の生理特性

1. 人間の内的状態と生理指標

人間の生理指標というのは，心電図や脳波など人間の各器官の生理反応を，センサを用いて計測したものをいう．もともと，人間の生理指標に関する学問や計測技術は医学的な診断をベースに発展してきた経緯があるが，近年，この生理指標が健常者の心身状態と密接に関わっていることが明らかになり，ヒューマンインタフェースとの関わりでも注目を集めるようになってきた．

外的刺激に伴う人間の生理反応の流れは，次のように考えられている．外的刺激が人間に与えられた場合，その情報は目や耳などの感覚器官を通じて大脳中枢に伝えられるとともに，運動器官による行動が引き起こされる．それに伴う内的心身状態は，末梢神経系や内分泌系を介して身体器官の生理反応を引き起こすため，センサを通じて生理指標を計測することにより，それらの兆候が予測できることになる．つまり，心理生理学における人間の内的心身状態と生理指標の相関性に関する知見の蓄積により，人間の内的状態がある程度予測可能になってきたともいえよう．

ここでは，まず，人間の心と体の統制を行っている神経系について簡単に触れておく．神経系は，脳と脊髄に分かれる中枢神経系と，体性神経系と自律神経系に分かれる末梢神経系から構成される．脳は構造的には前脳と脳幹に分かれ，種々の高次機能や感覚中枢・運動中枢が存在し，脊髄は脊髄反射機能を司っている．このような中枢神経系に対し，末梢神経系は，人間の平衡感覚などを司る体性神経系と交感神経系と副交感神経系の拮抗により身体器官の反応を無意識にコントロールする自律神経系からなる．この自律神経系を制御しているのは，脳の一部である間脳の視床下部であるが，そこでは同時に認知や情動の生起に関わる機能も有しており，そのために，自律神経系が支配している身体器官の生理反応を測ることにより，人間の心理状態が推定できるものと考えられている．

なお，人間の身体器官は自律神経系により無意識的にコントロールされていると述べたが，具体的には

- 心臓：交感神経系の活動が活発になると心拍数が増加，副交感神経系の活動が活発になると心拍数が減少
- 血管：交感神経系の活動が活発になると収縮
- 瞳孔：交感神経系の活動が活発になると拡大，副交感神経系の活動が活発になると縮小
- 消化管：交感神経系の活動が活発になると運動ならびに消化液の分泌が抑制，副交感神経系の活動が活発になると運動ならびに消化液の分泌が促進
- 汗腺：交感神経系の活動が活発になると分泌

という形で，交感神経系と副交感神経系の拮抗が実現している．

2．生理指標と人間の心身状態の関連性

心理生理学においては，従前より心臓，呼吸，発汗などの自律神経系が支配する生理指標が注目されており，これらの生理指標と覚醒度や生体リズム，ストレス，メンタルワークロード，疲労度などの人間の感覚量との関係が調べられてきた．ここでは，代表的な生理指標として，脳波，心電図，動脈血圧，脈波，呼吸，皮膚電位を取り上げ，その計測法と人間の心身状態の関連性について紹介する．

(a) 脳　波

脳波は，脳内部の神経細胞の電気現象が視床のペースメーカにより調律されて形成された律動であり，頭皮に貼り付けられた電極に

誘導される 50 μV 程度の電圧変化として計測される．脳波計測のための電極の配置は，国際標準の電極配置法が規定されており，通常はこの電極配置が利用される．また，基準電位の取り方としては，耳朶（じだ）基準導出法や平衡型頭部基準導出法があり，前者は耳朶（耳たぶ）を基準電位に取る手法であり，後者は，心電図の影響を受けることを避けるため，頸部に基準電極を装着し，可変抵抗でバランスを取る手法である．通常は，耳朶を基準電位に取ることが多い．脳波は，その周波数成分により α 波，β 波，θ 波，δ 波の 4 種類に分類されており，それぞれ次のような周波数範囲をもつ．

- α 波：8～13 Hz
- β 波：13 Hz 以上
- θ 波：4～8 Hz
- δ 波：4 Hz 以下

具体的には，これらの成分のパワースペクトルを計算して指標とすることがよく行われる．

α 波は，正常な成人に普通に見られる脳波であり，安静閉眼時に最も顕著に現れ，覚醒刺激（開眼）によって減衰し，また睡眠への移行期に一過性の増大を示した後消失する．一般に，頭頂部や後頭部で他の部位に比べて律動性が高い．β 波は，覚醒時に前頭部，頭頂部を中心に 20 μV 以下の低振幅で観測される．また，緊張時，入眠時などに顕著に現れる現象もある．θ 波は，特に若年成人に前頭部から中心部にかけて低振幅でみられる程度であり，精神作業時や過労時などに顕著に現れることがある．また，δ 波は覚醒時には現れず，深い睡眠時に顕著に見られることがある．

(b)　心電図

心電図は，心臓の収縮に伴って発生する電位変化を胸部に装着した 2 つの電極間の電位差として計測するもので，図 2.12 (a) に示すように，心房の興奮を示す P 波，心室の脱分極を示す QRS 波，心室の再分極を示す T 波からなる．特によく用いられる指標が RR 間隔で，これは心電図の R 波と R 波の間隔を表し，RR 間隔を 1 分当たりの心拍数に換算して，瞬時心拍率として用いることも多い．

一般的には，身体的負荷や精神的負荷により RR 間隔は短縮し，

図 2.12 中 (b) (c) の縦線は (a) の左側の R 波の時刻を示す

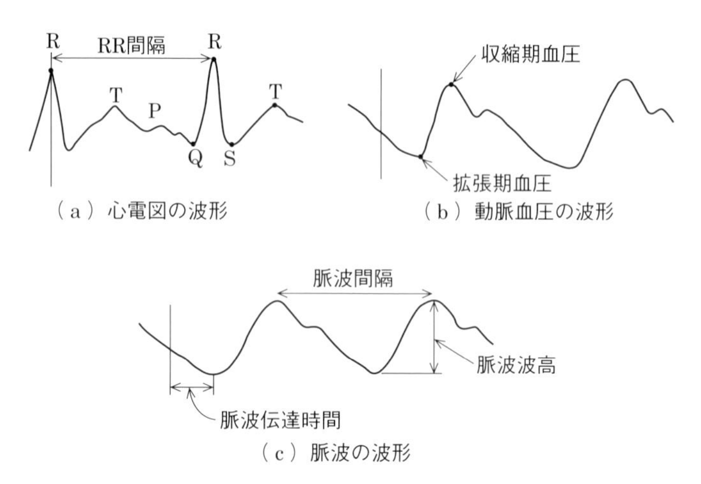

図 2.12　心臓血管系の生理指標

瞬時心拍率が上昇する傾向が見られることが多く，作業負荷の指標となると考えられている．RR 間隔の時間変化を，フーリエ変換を使って周波数解析し，0.15 Hz を基準に低周波成分（LF）と高周波成分（HF）に分けて，その比（LF/HF）をストレス指標として用いることもある．

(c) 動脈血圧

動脈血圧は，図 2.12 (b) のような波形を示し，収縮期血圧，拡張期血圧および平均血圧が指標として用いられる．平均血圧は，時間波形を積分しても得られるが，平均血圧を M，収縮期血圧を A，拡張期血圧を B として

$$M=\frac{1}{3}A+\frac{2}{3}B \qquad (2 \cdot 13)$$

と計算して求めることも多い．また，動脈血圧の計測に関しては，上腕にカフを装着して間欠的に計測することが多く，作業の妨げが大きな課題となっていたが，最近では拘束感のない血圧測定方式も開発されつつある．動脈血圧の３つの指標，すなわち収縮期血圧，拡張期血圧，平均血圧は，基本的には作業負荷により上昇することが多い．

(d) 脈　波

脈波は，耳朶や指先，手首などで計測可能であり，具体的には発光源と受光素子を組み合わせて，反射光または透過光を測り，血流量変化を検出する光電式の計測法がよく用いられる．脈波の典型的な波形は図 2.12（c）のようになっており，指標としては図中に示す脈波間隔，脈波波高，脈波伝達時間が用いられる．また，脈波間隔より瞬時脈拍数を求めることもよく行われる．

脈拍は心拍の代用として用いられるが，脈波波高は血管収縮が起こると波形が丸みを帯びてそのピークが低下する．また，脈波伝達時間は心電図の R 波を基準にした伝達時間が用いられることが多く，1 拍ごとの平均血圧と負の相関があるため，血圧の代用として用いられることもある．

(e) 呼　吸

呼吸のパターンは，図 2.13 に示す呼吸曲線で表される．呼吸の速さの指標としては，図 2.13 に示した呼吸時間，吸気時間，呼気時間があり，また換気量の指標としては 1 回吸気量，1 回呼気量がある．この呼吸の計測法としては，マスクを装着して流量を測るのが最も正確であるが，伸縮性可変抵抗素子を付けたベルトにより胸囲や腹囲の変化を計測して代用することもよく行われる．一般的には，リラックスしていると深くゆっくりした呼吸になり，精神的作業負荷が高くなると速く浅くなることが多い．

(f) 皮膚電気活動

皮膚電気活動は手掌や足底などの精神性発汗部位に電極を装着して，2 点間の電位やインピーダンスを測るものである．計測精度や電極装着の負担などの観点から，定電流を用いたインピーダンス法

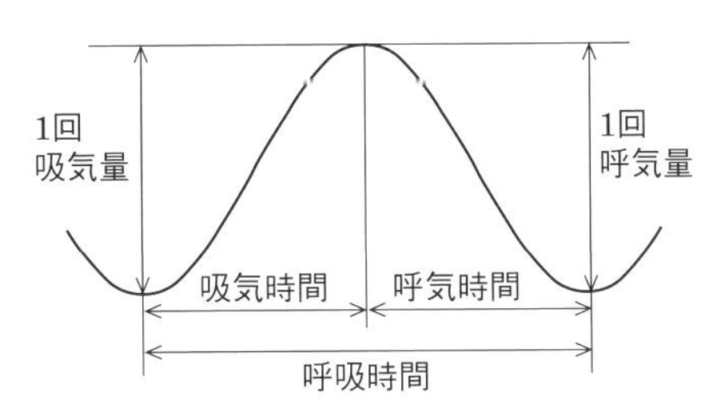

図 2.13　呼吸曲線

SZL：skin impedance level

SZR：skin impedance response

がよく用いられる．この皮膚電気活動に伴うインピーダンスは，直流成分に相当する皮膚インピーダンス水準（SZL）と，交流成分に相当する皮膚インピーダンス反応（SZR）が，その指標として用いられる．

SZL は，安静状態や覚醒低下状態ではそのレベルが上昇する現象が見られ，SZR は，数秒オーダーの一過性の外部刺激に対応した反応が多く見られる．

なお，これらの生理指標は相互に関連しており，複数同時計測による多面的な分析を行うことが重要である点も指摘されている．

演習問題

問１　ウェーバー・フェヒナーの法則が成り立つ身近な例を挙げよ．

問２　スティーブンスの法則が成り立つ身近な例を挙げよ．

問３　錯視図形が日常生活で使われている例を挙げよ．

問４　次の各状況のときの人間の生理指標の様相を述べよ．

（a）精神的作業負荷が与えられたとき

（b）覚醒度が低下し眠くなったとき

第3章

人間の認知と理解

人間に使いやすいシステムをデザインするためには，人間の脳における情報処理の仕組みについて知るべきである．本章では，認知科学の基礎的な知見を紹介し，人間の認知と理解の仕組みとそれらのインタラクションデザインへの応用について学ぶ．

3.1 認知科学の概要

1．認知科学とは

認知科学：
cognitive science

認知科学とは，人間の「知」のしくみや働きを解明しようという科学であり，その対象は，視覚や聴覚などの知覚の問題から，記憶，学習，判断，思考まで，人間の知的活動の過程すべてを含む[1),2)]．

メイヤー：
R. E. Meyer

メイヤーは，その著書[3)]の中で，認知科学を「人間の心的過程や心的構造を科学的に分析することにより，人間の行動を理解することである」と定義している．そして，特に以下の3つの点に重点を置いている．

(1) 科学的分析

個人の心のふるまいは直接的には観察できず，その人の行動を通じて間接的に観察できるだけである．そのため，同じ手続きを取れば，どのような人が行っても同じデータを得ることができるという「再現性」のある科学的手法が必要となる．直感や感情による解釈は受け入れられない．

(2) 心的過程や心的構造

研究の対象は，人間が何か課題を遂行するときに頭の中で何が起こっているのか（心的過程）や人間が知識をどのように蓄積し，またそれを状況に応じてどのように利用しているか（心的構造）である．

(3) 人間の行動の理解

人間の心的過程と構造を明瞭かつ正確に説明することを目標とし，結果として人間の行動をよりよく予測し，理解できることを目指す．

ノーマン：D. A. Norman

認知工学：cognitive engineering

また，ノーマンは，認知科学の具体的な課題として，信念システム，意識，発達，感情，相互作用，言語，学習，記憶，知覚，行為，技能，思考という12の主題を挙げている．彼はさらに，認知科学の成果を工学的に応用し，工業製品やコンピュータシステムなどのデザインに適用する学問領域として，**認知工学**を提唱した[4),5)]．

2. 情報処理的アプローチ

認知科学では，情報処理的アプローチが大きな役割を果たしてきた．これは，人間を一種の情報処理システムとして捉えるという立場に立つ考え方である．この立場においては

短期記憶：short-term memory（STM）

長期記憶：long-term memory（LTM）

アトキンソン：R. Atkinson

シフリン：R. Shiffrin

① 人間の認知活動は，基本的には記号処理プロセスである．
② そのプロセスは，少しの情報を一時的に保持する**短期記憶**と，多くの情報を永続的に保持する**長期記憶**に基づいている（アトキンソンとシフリンの記憶の二重貯蔵モデル）．
③ このプロセスは，コンピュータの内部で行われる記号処理と同じである．

という考え方に立ち，人間の情報処理過程についてコンピュータ上にシミュレーションモデルをつくり，それを人間の認知モデルとするアプローチがとられてきた．

このアプローチにおいては

① 人間の情報処理過程について入出力関係のシミュレーションモデルを作成し

② コンピュータ上でシミュレーションを行ってその動作を確認し

③ それを人間の観察や実験のデータと比較して，モデルの妥当性を検証する

というプロセスがとられる．

感覚情報貯蔵：sensory information storage（SIS）

感覚記憶：sensory memory

情報処理的アプローチにおいては，図3.1に示すように，感覚情報貯蔵（感覚記憶），短期記憶（作業記憶），長期記憶より構成される情報処理モデルがそのベースとなる．このモデルにおける主な制御過程としては

① 情報を感覚情報貯蔵から短期記憶へ転送する過程（注意や気づき）

② 短期記憶あるいは作業記憶で情報を維持する過程（リハーサル）

③ 短期記憶から長期記憶へ情報を符号化し転送する過程（記銘）

④ 長期記憶においてターゲットを探し出す探索過程（想起）

作業記憶（ワーキングメモリ）：working memory

ミラーの法則：Miller's law
この個数（7±2チャンク）は「マジカルナンバー」とも呼ばれている．

がある．短期記憶は思考過程に用いられるので**作業記憶**（**ワーキングメモリ**）とも呼ばれ，5〜9個の内部状態（チャンク）で構成されることがわかっている（**ミラーの法則**）．一方，長期記憶は，記憶内容を思い出して再生することよりも，提示されたものがそうであるか再認するほうが格段に容易であることがわかっている．

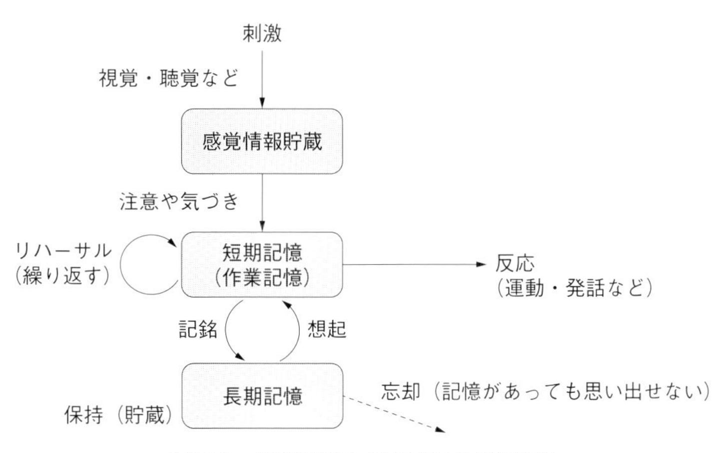

図3.1　情報処理モデルにおける制御過程

これらの容量や特性には個人差があり，それが人間の認知的能力の差につながっている．例えば，長期記憶の探索時間の差，短期記憶の保持容量の差，感覚情報貯蔵から短期記憶への情報伝送の差などが，認知的能力の個人差の要因だと考えられる．

このような情報処理的アプローチは，認知科学の発展に大きなインパクトを与え，さらに人工知能やコンピュータのユーザインタフェースにも寄与することとなった[6]．

3.2　人間の選択と注意

1．ヒックの法則

ヒックの法則：Hick's law
ヒック・ハイマンの法則とも呼ばれる．

ヒック：W. E. Hick

ハイマン：R. Hyman

ヒックの法則は，人間がシンプルな選択にかかる時間について，実験から導き出された法則である．ヒックの法則によれば，選択肢の個数を n，選択にかかる時間を T として，a および b を個人や環境による定数とすると

$$T = a + b \log_2 n \qquad (3 \cdot 1)$$

という式が成り立つ（定数 a は 200〜500 ms，b は 150〜200 ms 程度の値が用いられる場合が多い）．所要時間 T は，計算量のオーダーが $O(\log n)$ とみなせるので，人間は一般的な選択処理では限られた作業記憶を用い，二分探索法のアルゴリズムに類似した階層的に候補を絞り込む処理をしている可能性が示唆される[7]．

なお，ヒックの法則はメニューから項目を探して選ぶような単純な選択には当てはまるが，複雑な思考による比較検討が必要な選択には当てはまらない．

2．選択的注意

前注意過程：preattentive process

ヒックの法則は選択肢の増加に伴って所要時間が増えることを示していたが，図3.2の例からわかるように，人間の知覚は周りと異質なものを瞬時に見分けることができる．この処理は，情報が感覚情報貯蔵から作業記憶に転送される前，すなわち人間が対象に注意を向けて意識する前の過程で行われていると考えられる．このような段階を，認知的な無意識や**前注意過程**と呼び，人間は感覚器から

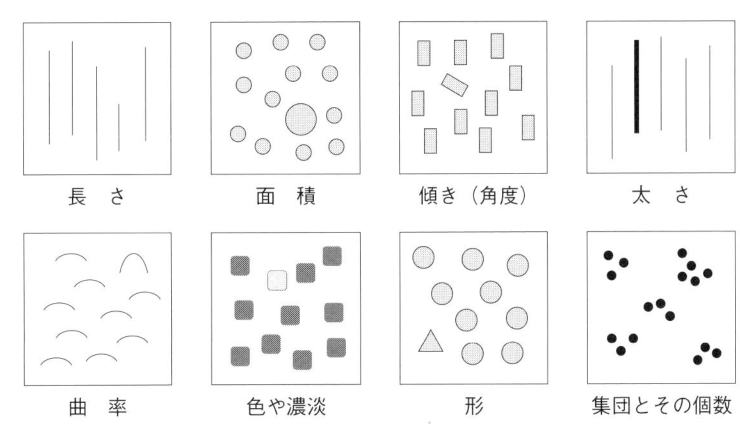

図 3.2　前注意過程（視覚的ポップアウト）

入力された膨大な情報の中から，注意によって取捨選択されたものを意識している．

選択的注意：selective attention

カクテルパーティ効果：cocktail party effect

聴覚に関する**選択的注意**の例としては，**カクテルパーティ効果**が有名である．これは，パーティ会場などで大勢の参加者の話し声で混乱している状況でも，自分の名前などの発声にはすぐに気づいたり，特定の人の声に注意を向けると会話が聞き取れたりするというものである．

3. ゲシュタルトの法則

ゲシュタルトの法則：Gestalt laws
ゲシュタルト（Gestalt）は，ドイツ語で「形態」の意．

人間の視覚認知においては，個々の要素を確認する前に，視界全体が大局的に捉えられ，視覚的に類似・近接したものが無意識的にまとめられて，「構造」として認知される．この働きを**ゲシュタルトの法則**といい，視覚的要素をまとめるいくつかのゲシュタルト要因としては，図 3.3 に示したように，要素どうしの近接，類同，閉合，共通運命などがある．

このゲシュタルトの法則は，視覚的な要素どうしの関係を示すことができ，さらに階層的な構造を表すこともできるので，紙面や画面におけるレイアウトのデザインに用いて，表示項目のグループ化やユーザの視線誘導などに応用される．

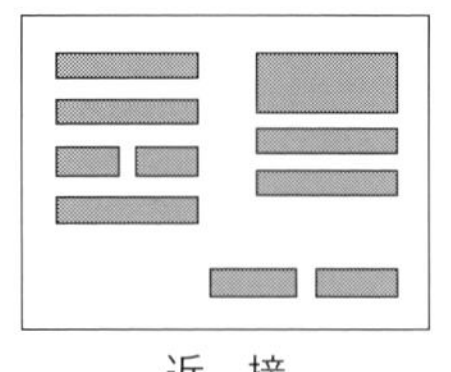

近　接

近いものをグループとして認識

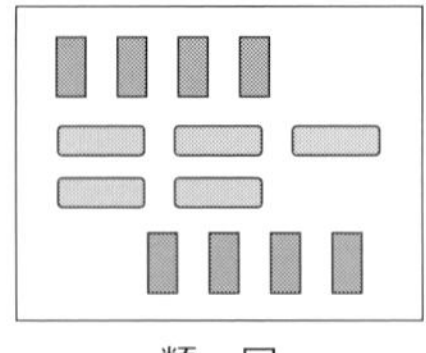

類　同

似たものをグループとして認識

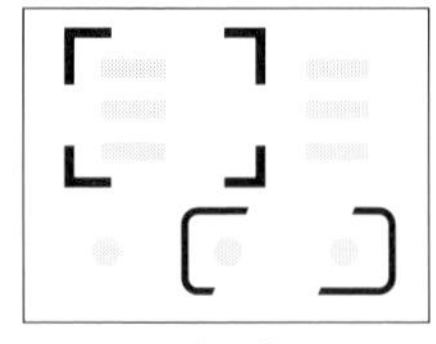

閉　合

領域を閉じる形(グループ)を認識

このほかにも，よい連続，共通運命などの要因がある

図 3.3　ゲシュタルトの法則（群化の法則）

3.3　人間の理解に関する知見

1．メンタルモデル（概念モデル）

メンタルモデル：mental model

概念モデル：conceptual model

メンタルモデルとは，ある対象に対して人が頭の中にもっているモデルであり，その対象とのインタラクションにより得られる．システムの動作に対してユーザがもつモデルは，**概念モデル**とも呼ばれる．メンタルモデルは，各ユーザの過去の経験やシステムとの関わり方によって異なり，しかも時間とともに変化していくものである．また，技術的なモデルのように必ずしも正確ではないが，限定された局面において機能的な役割を果たすことも多い．

ノーマンは，メンタルモデルのもつ性質として，「不完全である」「非常に限定された形でしか動かせない」「不安定である．しばらく使わないと忘れてしまったりする」「はっきりした境界をもたない」「非科学的である」「ささやかなものである」の6つを取り上げている[4),5)]．

メンタルモデルは，このように漠然としたモデルではあるが，人間がシステムと接することにより経験的に獲得する知識はこのような形であり，システムをうまく運用・管理していくうえで，重要な役割を果たしていると考えられる．

メタファ：metaphor

メンタルモデルは，ユーザの過去の経験を参照して構成されるため，システムのデザインに**メタファ**（比喩）が用いられることがある．メタファとは，新しいものをユーザに馴染みのあるものに似せてデザインすることである．メタファによってシステム側から概念モデルを提示することによって，ユーザに適切なメンタルモデル（システムの動作の概念モデル）の形成を促すことができる．

2. アフォーダンスとシグニファイア

アフォーダンス：affordance

アフォーダンスという概念は，認知科学における生態学的アプローチと密接に関わっている．生態学的アプローチでは，「周囲にある環境や事物が，人間に働きかけて，ある行為を妥当であると感じさせる」場合が多々あることに注目し，そのような環境や事物のもつ妥当性や人間の側からの環境適応性を重視する立場に立つ．

ギブソン：J. J. Gibson

この立場としては，ギブソンの生態学的視覚論がよく知られている．彼は，「生体の知覚は，感覚的な入力の内部情報処理によるのではなく，生態的に重要な情報を外界から直接抽出している」と主張し，アフォーダンスという言葉を用いた[8]．アフォーダンスとは，「外界の環境や事物が保持する生体の活動に供し得る情報（特にその形状）」のことである．例えば，「かなづち」の形状は人が握ってものをたたくという情報をもっており，「椅子」の形状は人が座るという情報をもっている．

アフォード（afford）は，「～ができる，～を与える」などの意味をもつ動詞であるが，英語にもともとアフォーダンスという名詞はなく，この言葉はギブソンの造語である．この考えでは，「すり抜けられるすき間」「つかめる距離」「登れる階段」などもすべてアフォーダンスとみなすことができる．そして，このような生態学的立場は，人間の行動に関して状況依存性を重視することにつながる．

このアフォーダンスという概念が，日常生活において種々の道具を使ううえで重要な情報を人間に対して与えており，また，道具の設計のあり方に重要な指針を与え得ることを示したのが，ノーマンであった．彼は，1988年の著書『誰のためのデザイン？』[4),5)]の中で，日常生活において人々がいろいろな道具を使う様子を観察することからスタートして，道具の設計のあり方について考察を加えている．

『誰のためのデザイン？』：The Psychology of Everyday Things

このアプローチの特徴は，従来の実験心理学のように，実験室の中である理想的な状況をつくり出してデータを取るのではなく，日常生活の中で人々が道具を使う様子をもとにデザインというものの

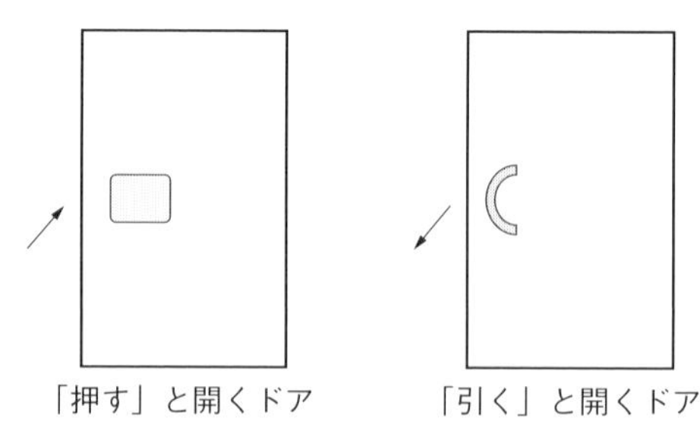

図 3.4　ドアの取っ手のアフォーダンス（シグニファイア）

あり方を考えている点にある．

ノーマンはアフォーダンスの重要性について，多くの実例を挙げながら力説している．具体的な例として，例えば，ドアが押して開けるものか引いて開けるものかを区別する場合が挙げられる．この場合，ドアの取っ手の形のもつアフォーダンスが重要であり，図 3.4 に示すように，幅のある平面的な取っ手は，押すという動作をアフォードし，細長く握れる取っ手は，引くという動作をアフォードする．このようなアフォーダンスは，人間の頭の中にある知識ではなく，外界の事物そのものがもっているものであり，前者と対比して「外界にある知識」ともいえるものである．

このように，ノーマンはアフォーダンスとユーザの操作の関係を解明し，それを積極的にインタフェースに利用すべきであると主張した．その後，彼がアフォーダンスという言葉で表現した概念は，人間から知覚されたものだけを示しており，ギブソンが定義したものとは厳密には異なると指摘された．これを受け，ノーマンは，ユーザの行動を促すものについては「**知覚されたアフォーダンス**」と呼び，さらに人工的なデザインによるものは，**シグニファイア**と呼び直すことを提唱している．

知覚されたアフォーダンス：perceived affordance

シグニファイア：signifier

3.4　認知工学によるユーザのモデル

1．モデルヒューマンプロセッサ

モデルヒューマンプロセッサは，それまでに認知科学の分野で得モデルヒューマンプロセッサ：model human processor (MHP)，ヒューマンパフォーマンスモデル，ヒューマンプロセッサモデルと呼ばれることもある

られてきた結果や実験データを統合したモデルである[7]．このモデルは，人間の認知処理過程を分析・予測するための基本的枠組みを与えており，定量的に記述されている点に最大の特徴がある．つまり，このモデルを用いると，人間の行動の定量的予測が可能であり，認知科学の情報処理的アプローチを代表する成果の一つとみなされている[7]．

モデルヒューマンプロセッサでは，人間の情報処理過程は，知覚システム・認知システム・運動システムの3つの部分より構成される．つまり，音声や画像などの入力情報は，目や耳で捉えられ，まず知覚システムで入力処理される．そして，それに対する意味的な処理が認知システムで行われ，その結果，必要な場合には運動システムが駆動されて，出力の生成を行う．

各システムは，プロセッサとメモリで構成される．知覚システムは，知覚プロセッサと，視覚イメージ貯蔵および聴覚イメージ貯蔵の2種類のメモリで構成され，認知システムは，認知プロセッサと，短期記憶（作業記憶）および長期記憶で構成される．また，運動システムには，メモリはなく，運動プロセッサがその処理を行う．これらのプロセッサとメモリは，次のようなパラメータで記述される．

(1) プロセッサ

各プロセッサで行う処理時間の最小単位を，サイクルタイムと呼び，τで表す．このとき，小さな処理の繰返しからなる一連の処理は，各システムのサイクルタイムを加算することにより，全体の処理時間を予測することができる．

(2) メモリ

メモリは，蓄積容量（文字数などの項目数）μ，減衰時間（50 %になるまでの時間）δおよびコードタイプ（物理的，音響的，視覚的，意味的の4つのうちの1つ）κの3つのパラメータで表現される．これらのプロセッサやメモリのパラメータは，個人差や状況により異なるが，このモデルでは，予測に利用できるように，典型値と最小値－最大値を

典型値［最小値－最大値］

の形で与えている．これらの具体的な値を図3.5に示す．

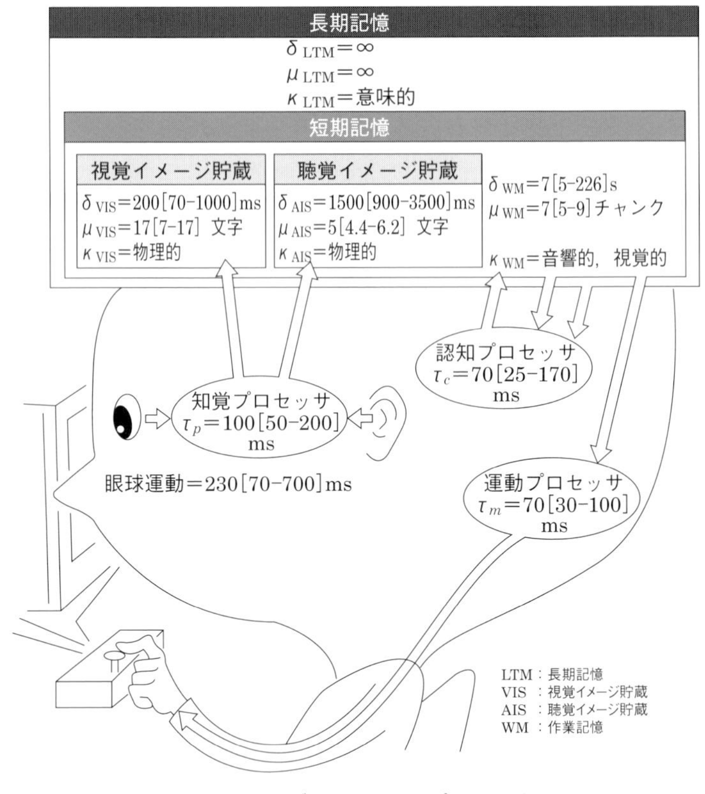

図 3.5　モデルヒューマンプロセッサ

具体的な人間の情報処理過程は，以下のようなプロセスで表現される．

(1) 知覚システム

知覚システムでは，知覚プロセッサで音声や画像などの外部情報を内部情報に変換する処理に，$\tau_p = 100$ ms 程度かかる．ただし，視覚情報の場合，眼球の移動が伴うときには，1回の移動当たり 230 ms が追加される．そして，知覚プロセッサで内部変換された内部情報は，視覚情報は視覚イメージ貯蔵へ，聴覚情報は聴覚イメージ貯蔵へ，物理的コードとして一時的に蓄えられる．このとき，視覚イメージ貯蔵は，蓄積容量 17 文字，減衰時間 200 ms であり，聴覚イメージ貯蔵は，蓄積容量 5 文字，減衰時間

1 500 ms である．つまり，視覚情報は，聴覚情報に比べて容量は大きいが減衰はかなり速いという特徴がある．

(2) 認知システム

認知システムでは，意味的な処理が行われる．これを司る認知プロセッサのサイクルタイムは，課題によって異なるが，平均で $\tau_c = 70$ ms である．また，認知システムの記憶のうち，長期記憶には意味的コードが蓄えられ，蓄積容量は無限大で減衰はない．一方，短期記憶には，長期記憶の一部が活性化されたときや，視覚イメージ貯蔵や聴覚イメージ貯蔵の物理的コードがある程度解釈されたときに，視覚的コードまたは音響的コードとして一時的に保持される．この短期記憶の蓄積容量は，ミラーの法則*より 7 ±2 チャンクである．なお，チャンクとは，記憶の蓄積容量の単位であり，長期記憶の中で 1 つのまとまりを示すものを，1 チャンクと呼ぶ．つまり，無意味な文字の羅列であれば，5 文字で 5 チャンクになるのに対し，5 文字で 1 単語と認知されると 1 チャンクとなる．また，減衰時間は蓄積容量に依存するが，図 3.5 では代表値として 7 s を採用している．

＊ 3.1 節参照．

(3) 運動システム

運動システムでは，例えばキーボードの打鍵などの出力処理が行われる．これを行う運動プロセッサのサイクルタイムは，$\tau_m =$ 70 ms である．

以上のモデルを用いると，人間のいろいろな情報処理のパフォーマンスを予測することができる．例として，名前を照合する場合を考える．このときには，あらかじめ被験者にある文字を教えておき，次々にディスプレイ上に文字を示して，その文字と同じときにはスイッチを押すという動作を行わせる．このときの反応過程は，図 3.6 に示すように，まず新たに示された文字が知覚プロセッサを通して，視覚イメージ貯蔵に蓄えられ，次にそれが認知プロセッサにより認識される．そして，長期記憶に蓄えられた文字とのマッチングおよび反応決定が，それぞれ認知プロセッサで行われた後，運動プロセッサが駆動される．そのため，トータルの反応時間 T は

$$T = \tau_p + 3\tau_c + \tau_m \qquad (3 \cdot 2)$$

と見積もることができ，図3.5の値を用いるとおよそ380 ms となる．

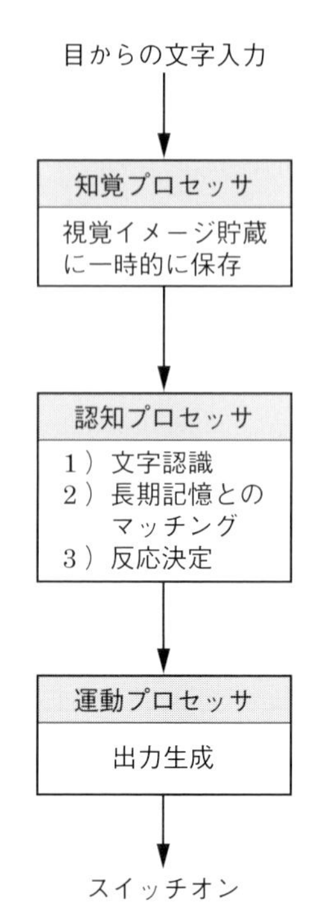

図3.6　名前照合の際のプロセス

モデルヒューマンプロセッサは，実測ともよく一致し，予測にも用いることができるため，大きなインパクトを与えた．そして，ユーザの入出力操作の分析に利用されている**GOMSモデル**や**キーストロークレベルモデル**のベースともなった．

GOMSモデル：goals, operators, methods, selection rulesより構成されるモデル．

キーストロークレベルモデル：keystroke level model（KLM）

2. ユーザの行為の7段階モデル

ノーマンは，ユーザの視点に立ってシステムをデザインすることの重要性に注目し，ユーザが達成しようとしているタスクの観点から，システムの使いやすさを評価すべきであると主張した[4),5)]．彼は，ユーザの目標達成のプロセスを分析し，ユーザの心理的状態である「ユーザの目標」と物理的なレベルで記述される「システムの物理的状態」との隔たりに注目し，これを淵と呼んだ．このように考えると，ユーザが目標を達成する動作を決定する際には，心理的

淵：gulf

実行の淵：
gulf of execution

評価の淵：
gulf of evaluation

目標から物理的動作に至る**実行の淵**を越えなければならず，逆にシステムの状態を理解するときには，物理的状態から心理的理解に至る**評価の淵**を越えなければならない．

この実行の淵と評価の淵を越えるためのユーザの行為の構造は，図3.7のようになっている．ユーザが行為の目標を設定し，実行の淵を越えるには

① 目標設定（ゴールの形成）
② 立案（行為のプランニング）
③ 詳細化（行為系列の詳細化）
④ 実行（行為系列の実行）

という段階を実行する必要がある．また，評価の淵を越えるには

⑤ 知覚（システムの状況の知覚）
⑥ 解釈（知覚したものの解釈）
⑦ 比較（目標と結果の比較）

という段階を踏む．評価結果が不満足であれば，必要に応じ目標を再設定し，このサイクルを繰り返す．

＊下記の7つである．
目標：goal
立案：plan
詳細化：specify
実行：perform
知覚：perceive
解釈：interpret
比較：compare

このモデルはユーザの行為に関する**ノーマンの7段階モデル**＊と呼ばれ，インタフェースの問題点を分析する際などに有用なモデルを提供する．つまり，図3.7に示した淵を越える努力が小さくて済むシステムがユーザにとってよいシステムであり，システム設計者は，この淵の構造に注目して，淵の小さいシステム，または，ユー

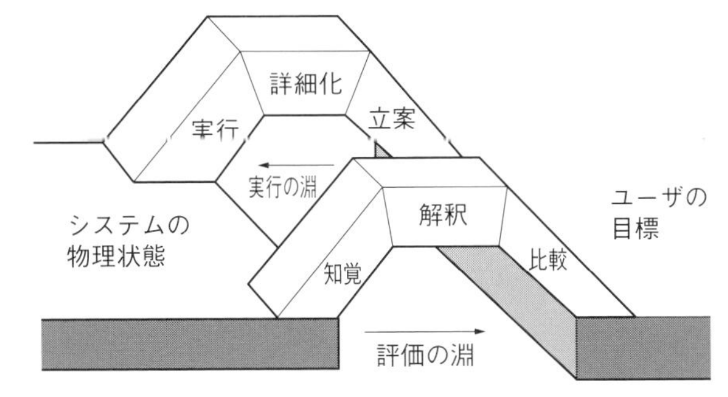

図3.7　ユーザの行為に関するノーマンの7段階モデル

ザが容易に淵を越えることができるシステムを目指すべきである．

そのためには，デザインに関する知識，人に関する知識，実行されるタスクに関する知識をうまく融合して，ユーザの立場に立ったデザイン方針の確立を図る必要がある．ユーザは，システムと接することにより，システム対するメンタルモデルをつくり上げ，それをもとにシステムとインタラクションを行う．よって，設計者が解決すべき最大の課題は，ユーザに適切な概念モデルを与えることである．

3.5　インタラクションデザインへの応用

1．認知負荷の低減と習熟支援

使いやすいシステムを実現するためには，ユーザの認知負荷を低減することが望ましい．特に，記憶に対する負担を減らすことが効果的である．本章で説明したメンタルモデルおよびアフォーダンス（シグニファイア）は，ユーザの長期記憶および短期記憶の負担を減らす効果をもつ．システムの状態や機能を可視化して，ユーザが常に確認できるようにすることも，短期記憶の負担軽減に寄与する．

人間は，定型的な作業に**習熟**するとその実行に必要な注意量が大幅に減り，作業の大部分を認知的な無意識の段階で自動的に処理できるようになる．そのため，操作方法の共通化などでユーザの習熟を促すことも，認知負荷の低減に効果がある．

モード：mode

また，システムの**モード**を減らすことも，ユーザの短期記憶の負担軽減につながる．モードとは，同じ入力に対して異なる結果が得られる状態である．例えば，キーボード操作では，同じキーを入力してもアルファベット，かな，漢字など，モードによって異なる結果が得られるので，ユーザはモードを記憶している必要がある．モードを画面の隅などに常時表示しておくことも，認知負荷の低減に役立つ．

直接操作：direct manipulation

シュナイダーマン：B. Shneiderman

2．直接操作とエンゲージメント

直接操作インタフェースは，シュナイダーマンにより提唱された概念で，彼の定義によると次のような機能をもつ[9]．

① 関連するオブジェクトが常に画面上に表示されていること．
② 複雑な文法のコマンドではなく，ポインティングデバイスや物理的なボタン操作によること．
③ 操作は速く，可逆的で，その操作による変化が直ちに表示されること．

例として，表示されたアイコンやポップアップメニューをマウスで操作するインタフェースが挙げられる．このようなインタフェースには以下のような利点がある．

① 初心者でも，人が操作しているのを見れば，容易に使えるようになる．
② 熟練者は，非常に速く広い範囲のタスクをこなせる．
③ たまに使う人でも，使い方を覚えている．
④ エラーメッセージがほとんど必要ない．
⑤ ユーザはゴールへ向かっているかどうかが一目でわかる．
⑥ わかりやすく，逆にたどることもできるので，ユーザは安心して使える．

ハチィンズ：E. L. Hutchins

ハチィンズらは，このような直接操作インタフェースがどうして有効なのか，また直接オブジェクトを操作している感覚はどこからくるのかについて，認知的な説明を試みており[10]，直接操作性に，2つの要素があることを明らかにした．一つは，ユーザの目標とインタフェースの表現方式との間の「距離」である．つまり，両者の表現の距離が少ないほどユーザは容易に，目的を達成できることになる．もう一つは，扱っているオブジェクトに「直接関与している」という感覚である．彼らは，これを**エンゲージメント**と呼んだ．直接操作インタフェースはエンゲージメントが大きく，ユーザに操作の主導感を与えるインタフェースとなっている．

エンゲージメント：engagement

3. 制約の利用

制約：constraint

アフォーダンスおよびシグニファイアに関連する概念として，**制約**がある．制約とは，ユーザの行動を促すよりも，それを制限する

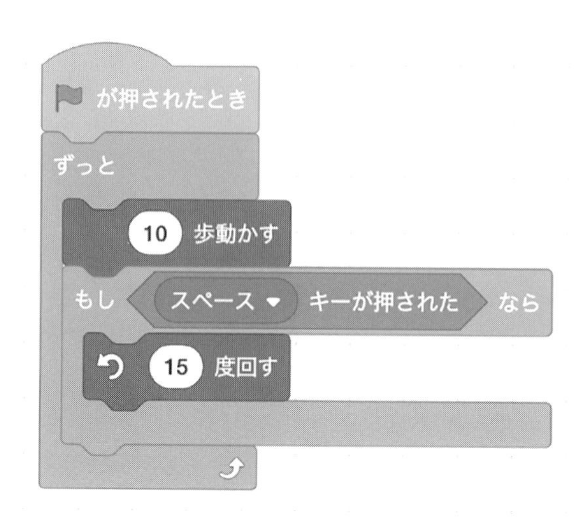

図 3.8（口絵 1）　Scratch のブロック形状による制約

ように働く仕掛けであり，ものの形状や文法の規定などによって人間の行為の自由度を減らし，ユーザに対して適切な行為以外を自然に禁止するために用いられる．これによって，可能な操作の選択肢を減らすことや，ユーザの操作ミスによる**ヒューマンエラー**を防ぐことができる．

ヒューマンエラー：human error

物理的な制約の例としては，ケーブルの端子の形状がある．各種端子の形状は標準規格によって決まっており，互換性がないケーブルを挿すことはできないので，ユーザの誤操作による機械の故障が防止される．視覚的な制約の例としては，ビジュアルプログラミング言語のブロックの形状がある．図 3.8 は Scratch の例だが，文法的な要素によってブロックの形状が異なるため，文法に詳しくないプログラミング初心者でも直感的に連結可能な組合せを理解することができる．

ノーマンは，制約を，物理的制約，文化的制約，意味的制約，論理的制約の 4 種類に分類している．この中で，物理的制約（視覚的なものも含む）は，万人の行動を強く制限するが，文化的制約と意味的制約は人によって解釈が異なる可能性があり，論理的制約はそれに気づいた者が制約の存在を理解する．

演習問題

問 1 人間の「長期記憶の探索時間」を計測するためには，どのような実験をすればよいかを考えよ．ただし，ディスプレイに文字を提示し，人間にスイッチを押させる動作が可能であり，かつその反応時間が計測可能であるとする．

問 2 ヒックの法則において，定数 a の値を 200 ms，b の値を 150 ms としてグラフを描け．さらに，これらの値が適用できる食券の自動販売機を想定し，全部で 16 種類の料理を 1 画面に表示する 1 段階のメニューと，4 つのカテゴリの中にそれぞれ 4 種類の料理を分類した 2 段階のメニューについて，実行時間を見積もれ．

問 3 自分が使ったことがあるソフトウェアの画面表示や工業製品の形状のデザインを観察して，アフォーダンスやシグニファイアが適切に考慮されていないと思われる例を挙げ，改善案を検討せよ．

問 4 文書作成ソフトウェアを使用し，様式が決まっている文書を印刷して結果を確認する行為を，ノーマンの 7 段階モデルの各段階に分解してみよ．

問 5 直接操作でエンゲージメントの感覚を高めるためにはどうすればよいか考察せよ．

第4章 インタラクティブシステムのデザインと分析・評価

インタラクティブシステムのデザインは，普遍的な要素も数多くあるが，その時代の技術水準に大きく影響されることは否めない．本章では，入力はキーボードとポインティングデバイス，出力はディスプレイという一般的な環境を意識しつつ，インタフェースをデザインするうえで常に考慮しなければならないことを中心に学ぶ．

4.1 デザイン目標とユーザ特性

対話方式による計算機システム（インタラクティブシステム）のデザイン目標は極めて明確である．それはユーザを満足させるためであり，デザイナーや開発者のためではないし，もちろんコンピュータのためでもない．しかし，ユーザと一言で表しても多種多様であり，一般的には平均的ユーザを対象とするという言い方がよく行われる．ただし，実際には，平均的ユーザと呼ばれる人間が一人いるわけではない．平均的ユーザのためのデザインはすべての人にとって不満足なデザインということもできる．

1. ユーザレベル

あるインタラクティブシステムへの熟練度によって，ユーザを初心者，中級者，上級者と大別すると，それぞれのユーザの特性に対して次のようなことを考慮する必要がある（表4.1）．

表4.1　ユーザレベルと機能

ユーザレベル	使用形態	要　求	必要機能
初心者	選　択	教　育	オンラインチュートリアル
中級者	限定機能	支　援	オンラインヘルプ
上級者	多数機能	高速性	ショートカット

(a) 初心者

初心者は，システムに対する知識も，行うべきタスクに関する知識もほとんどない．このような初心者に対して最も重要なことは，システムに対する教育であり，通常はオンラインチュートリアルやガイドツアーという形式でシステムに組み込まれている．このようなチュートリアルでは専門用語は避け，ユーザの慣れ親しんだ言葉で説明する必要がある．

システムを実際に使用しているとき，ユーザには対話における積極性を期待しないほうがよい．例えば，自分でコマンドを入力させるより，メニュー選択のほうがユーザに安心感を与える．このときの選択肢も必要最小限に抑えるべきである．

また，ユーザの入力に対しては，速やかに意味のある応答を返さなければならない．応答がなかなか返らないことや，何が起こったかわからないことはユーザを極めて不安にする．エラーが発生したときには，応答として単にエラーが発生したことだけではなく，どのように対処したらよいかを教える必要がある．

(b) 中級者

システムをときどき使用する中級者は概念的なことは理解しているが，具体的な操作法は忘れていることがあり，まだ使用したことのない機能も数多くある．このようなユーザにとって必要なことは，機能を思い起こさせることや，その機能の詳細を示すことであり，充実したオンラインヘルプ機能がその役割を果たす．

このような中級者がシステムを効率的に使うためには，操作手順や用語などが覚えやすいことが重要であり，そのためにはそれらが単純で一貫性のある構造を保つ必要がある．

また，中級者は使用する機能と使用しない機能がはっきり分かれているが，ときにはまだ使用していない機能を試すことがある．このことは，システムを使いこなすようになるには非常に重要であり，ユーザのこのような行為を促進させるためには，エラーに対する耐久性が必要となる．

(c) 上級者

上級者は毎日のように定常的にシステムを利用しており，そのシステムを熟知している．このような上級者が求めているのは，ショートカットのようなシステムに対する高速なアクセス手段と，システムからの素早い応答である．入力は最小限に，そしてメッセージも簡潔にしてユーザがタスクに集中できるようにする必要がある．

ユーザレベルに関して忘れてはならないことは，人によってレベルが異なるということだけではなく，同じ人間でもレベルが変化するということである．特に初心者が初心者のままでいることはほとんどあり得ない．それはユーザがそのシステムをほとんど使用しないということを意味しており，捨てられたシステムということになる．多くのユーザは中級者であり，そこに重点を置いたデザインをすべきであろう．

しかし，だれでも一度は初心者であるため，初心者のことを十分に意識したデザインを行わないと，中級者になる前に使われなくなってしまう可能性がある．一方，初心者向けのデザインは中級者以上は煩わしいと感じることが多い．この事実が意味しているのは，初心者向けの機能は最初セットされているが，容易に外せることが望ましいということである．

2. ユーザによる評価

人間が深く介在するシステムの性能を，どのように客観的に評価するかを一概にいうことは難しいが，シュナイダーマンは測定可能なヒューマンファクタとして，次のものを取り上げている．

① 学習時間：タスクの遂行に必要な操作の使用方法を覚えるのに必要な時間
② 実行速度：タスクの遂行に必要な時間
③ エラーの割合：タスクの実行中に引き起こされるエラーの種類と回数
④ 長期記憶：一度習得したタスクの遂行に必要な知識を覚えている程度
⑤ 満足度：システムを使用してどの程度気に入ったかの主観的評価

対象となるユーザが対象となるタスクを行ったときに，上記のファクタがどのような値をとるかは評価の目安となるので，システムをデザインするときの目標とすべき項目になる．評価に関する詳細は4.3節以降で述べる．

4.2 よいデザインとは

1. 概念モデルの不一致

ソフトウェアに限らず複雑な機能をもつ製品を前にしたとき，一見しただけではどのように操作したら自分の思いどおりに動かすことができるかわからないことがある．また，説明書を読んでみても，何をいっているかよくわからない，あるいは自分の知りたいことがどこに書いているのかがわからず，結局人に教わるのが一番よいという結論になる．反対に開発者からは，どこがわかりにくいのか，なぜわかりにくいのか，説明書に書いてあることをなぜよく読まないのか，などという声も耳にする．

ここで問題となるのは，開発者は開発者でありユーザではないということである．図4.1に示すように，開発者は自分の頭の中に思い浮かべたもの（開発者の**概念モデル**）を製品，およびその説明書という形で具現化する．一方，ユーザは説明書を読み製品を眺めることにより，その製品の挙動モデルを頭の中に思い浮かべる（ユー

概念モデル：conceptual model
人がつくった製品やシステムに対するメンタルモデルのこと．

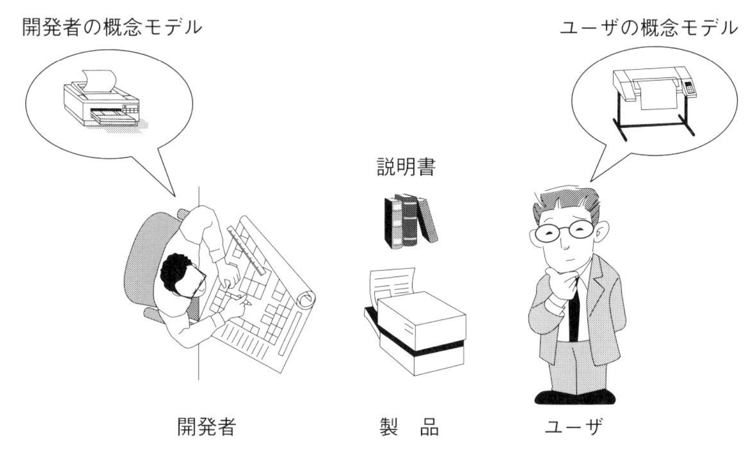

図 4.1 開発者とユーザの概念モデル

ザの概念モデル）．そして，そのモデルに基づき製品を操作し，その結果から必要に応じてモデルを修正する．

もし，開発者とユーザの間で概念モデルが一致していれば，ユーザは開発者の意図するとおりにその製品を使用することができるだろう．しかし，開発者の概念モデルが，製品の外観や挙動，あるいは説明書にうまく反映されていなければ，それらによって形作られるユーザの概念モデルとは異なってくることが容易に予想される．なぜなら，ユーザは開発者の概念モデルを直接知ることができず，製品や説明書を通して想像するだけだからである．このような開発者とユーザの概念モデルの不一致が，使いにくい製品を生み出すもととなる．

2. デザインの 7 つの原理

どのようにシステムをデザインすれば使いやすくなるのであろうか．ノーマンはよいデザインの原理として次の 7 つを挙げている．

(1) 発見可能性

システムを見れば，システムの現在の状態や行うことができる操作を理解できる．発見可能性は，これ以下の原理を満たすことによって強化される．

(2) フィードバック

操作結果として何が起きたか，システムがどのような状態になったのかを，完全かつ継続的に理解することができる．

(3) 概念モデル

よい概念モデルを形成できるような情報をシステムが提供することによって，ユーザはどのように操作すればよいかがわかる．

(4) アフォーダンス

望ましい行動をさせるような適切なアフォーダンスを提供している．

(5) シグニファイア

シグニファイアを適切に利用することによって，発見可能性が高まり，わかりやすいフィードバックを返すことができる．

(6) 自然な対応付け

動作する対象の位置と，それらを操作するインタフェースの配置が自然に対応付けられるようにする．

(7) 制　約

物理的，論理的，意味的，文化的な制約条件を提供することによって，どのように操作すべきかをわかりやすくし，システムに関する情報をわかりやすくする．

ノーマンは，台所のコンロや留守番電話の例を挙げてデザイン原則を説明しているが，これはインタラクティブシステムをデザインするうえでも大いに参考になる．ユーザがインタラクティブシステムを自由に使いこなすためには，システムが現在どのような状態であり，何をすれば自分の意思がシステムに反映されるのかを理解するとともに，操作の結果何が起きたのかを完全に知る必要がある．

4.3　インタラクティブシステムの設計原則

前節では一般的なデザインの原則を述べたが，本節では，対象をインタラクティブシステムの設計に絞って，より具体的な原則を挙げてみよう．第3章でも述べたように，人間工学，心理学，認知工学，行動学などの研究により，人間を理解するさまざまな理論やモデルがつくられた．これらのモデルやこれまでの経験に基づいて，インタラクティブシステムをデザインするための一般的な指針となる設計原則が提案されている．代表的なものはシュナイダーマンの対話設計における8つの黄金律で，その概要は以下のとおりである．

(1) 一貫性

一貫した操作手段，同一用語の使用，コマンド形式の統一など，類似した状況に対して常に同じ対応がとれるようにする．

(2) ショートカットの用意

上級者のために省略形，特殊キー，隠しコマンド，マクロ機能などのショートカットを用意して対話の回数や入力の数を少なくし，メッセージをスキップすることにより応答時間を短縮させたり表示速度を向上させたりする．

(3) フィードバックの提供

すべての操作結果に対して状況変化を提示する必要があるが，実行頻度と実行の影響度により応答の情報量を変化させることが望ましい．

(4) 達成感を与える対話の実現

操作をやり遂げた満足感や安心感を与えることは，新たな行動への推進力となる．

(5) 簡単なエラーの処理

システムによる早期のエラー検出を行い，単純でわかりやすいエラー回復方法を提供する．そして，回復が不可能となるような致命的なエラーが起きないようにする．

(6) 逆操作

可能な限り操作を可逆にすることにより，エラー回復が容易になると同時に安心感が提供され，ユーザの試行錯誤が容易となる．

(7) 主体的な制御権の提供

ユーザを応答者としてではなく主体的な操作者として取り扱う．ユーザを不安や不機嫌にさせるような応答や要求をしてはならない．

(8) 短期記憶の負担の減少

短期記憶には限りがあるので，その容量に見合うように表示法を工夫する．

また，ISO 9241 では，インタラクティブシステムの設計に関する原則を以下のように規定している．

(1) 業務への適合

業務を効果的，効率的に行えるようにユーザを支援する．

(2) 状態の通知

ユーザが常にシステムの状態を理解できるように，システムからのフィードバックやユーザの要求に基づいた情報提示を対話の各段階で行う．

(3) 主体的な制御性

ユーザが主体となって対話を進められるようにする．

(4) 期待どおりの動作

ユーザのもつ業務に関する知識や経験，受けた教育，一般慣習に従って動作する．

(5) エラーの許容

エラーに対して最小限の修正で意図した結果が得られる．

(6) 個人への適合性

タスクに対する個別の要求や個人のスキルは異なるので，それに柔軟に対応できるようにシステムを構成する．

(7) 学習の支援

オンラインチュートリアルやヘルプなどを提供することにより，学習段階のユーザを支援する．

上に述べたシュナイダーマンの8つの黄金律やISOの設計原則などは，それぞれの項目が独立しているというよりも関連している部分が多く含まれる．また，これらの項目をすべて完全に満足するようなシステムを構築することは困難であり，優先順位の高いものから実現するような場合も多々ある．項目間の優先順位は，行うべきタスクや使用環境などを考慮して決定する必要がある．

4.4 対話形式

現在，我々がコンピュータと対話するのに広く用いられている装置は，キーボード，ポインティングデバイス，そしてディスプレイである．また，これらを用いた基本的な対話形式には，**コマンド言語**，**メニュー選択**，**直接操作**，**空欄記入**などがある．以下では，これらの対話形式の概要や特徴について，それぞれの形式を使用した場合，インタラクティブシステムはどのようにデザインされるべきかを述べる．

1．コマンド言語によるインタラクション

キーボードとディスプレイのみでコンピュータと対話することができる対話形式に，コマンド言語がある．コマンド言語による対話では，構文規則に従ったコマンドを入力すると，それに対する応答を得て，さらに次の入力を行うというように対話が進む．

コマンド言語は非常に柔軟性があり，細かい操作指示をすることができると同時に，いかにも対話をしているのだという感覚をユーザに与えることができる．その反面，訓練や学習により複雑なコマンド言語を覚える必要があり，初心者には大きなストレスを与えることになる．以下では，どのような環境がコマンド言語を用いた対話に適しているのかを，使用するユーザ，対象となるシステム，タスクや使用状況から検討する．

(1) ユーザ

キーボードを使用した対話が効果的か否かは，タイピングのスピードに依存することが多い．したがって，コマンド言語を熟知しており，またタイピングにも慣れている上級者ユーザにとって，コマンド言語は魅力的な対話手段である．

(2) システム

コマンド言語を処理するためには文字列を解析するだけでよく，システム自体の性能が低く，対話にコンピュータの機能を振り向けることができない場合には，非常に有効である．また，情報を表示する画面が小さい場合でも，コマンド言語による対話は比較的効率よく行うことができる．

(3) タスク

キーボードから手を離さず文字だけで対話を進めることができるので，対話が頻繁に行われ，さらに対話の記録を残したいときに有利である．また，システムのある状況において選択肢が非常

に多くユーザの操作手順の予測がつかないような場合には，選択という手段をとることができず，コマンド言語による対話となる．あるいは機能の拡張が頻繁に行われるような場合にも，コマンド言語を用いた場合にはシステムの拡張が容易に行える．

一般的にコマンド言語は，図 4.2 に示すようにコマンド名とパラメータ（引数，オプションなど）から構成されており，これらを組み合わせることによって多くの異なった操作指示を表現することが可能である．コマンド言語を用いたインタラクティブシステムを設計するときに問題となるのが，言語体系，コマンド構成，コマンド名などをどのように決定するかということであり，そのときに考慮しなければならないのが認知特性と入力特性である．

認知特性がよいというのは，コマンドの意味がわかりやすく学習が容易であり，さらに記憶しやすいということである．しかし，認知特性をよくするために，単にコマンドを単純化しその数を減らすのでは，コマンドで表現することができる支援機能の種類が限られてしまうことになる．複雑なコマンド体系を保ちつつ認知特性をよくするためには，次のような工夫が必要となる．

① コマンドどうしの区別をつきやすくする．
② 意味があり親しみのある単語を用いる．
③ コマンド名に省略形を用いるときは一貫性を保つ．
④ オプションなどを用いてコマンドのグループ化や階層化をする．
⑤ コマンドとパラメータの構成に一貫性を保つ．

図 4.2　コマンドの構成とその特性

一方，入力特性がよいというのは，入力速度が速く，打ち間違えにくいようなコマンド言語のことである．入力特性をよくするためには，次のような工夫が必要となる．

① コマンドは短く簡潔にする．
② 特殊文字を利用しない．
③ 使用頻度の高いコマンドは短くする．

2. メニュー選択によるインタラクション

コマンド言語ではユーザがコマンドを用いてサービスを要求するのに対して，メニュー選択ではメニューという形で示されるサービスの集合から，ある1つのサービスを選択することによって対話を進める．以前は，使用可能なコマンドの一覧を表示して，その中から選んだコマンドをキーボードのカーソルキーなどで選択させるという方法などをとっていたが，ポインティングデバイスが使用できる環境では，メニュー選択は非常に容易に行えるようになった．メニュー選択では，コマンドを記憶する必要がないため学習時間が比較的短く済む反面，上級者にとってはポインティングデバイスでいちいちメニューを選択するのは煩わしく感じられることもある．

以下に，ポインティングデバイスを用いたメニュー選択の特徴を，使用するユーザ，対象となるシステム，タスクや使用状況から検討してみよう．

(1) ユーザ

覚えたコマンドをキーボードで入力するのではなく，画面に表示されたメニューから必要な機能を選択するだけなので，タイピングが苦手なユーザやシステムの利用が頻繁でないユーザなど，対象となるシステムの利用に不慣れなユーザにとって有効である．

(2) システム

メニューの表示や選択に対する応答が速いことが望ましく，コマンド言語より大きな処理能力を必要とする．さらに，多くのメニュー項目を表示する，メニューにより作業領域が隠れないようにするなど，一度に多くの情報を表示するために大きな画面を必要とする．また，会場案内やATMなどの，公共の場所に置かれ不特定多数の人に操作される端末は，耐久性が要求されるため，

ATM：automatic teller machine

タッチパネルを用いたメニュー選択が有効である．

(3) タスク

主な作業はポインティングデバイスで行われると同時に，それぞれの状況における選択数が限られている場合に有効である．また，メニュー項目としては文字に限らず，色や形などのグラフィック表現を利用することができ，図を扱うようなタスクでは文字よりも直感的な選択ができる．

このように，メニュー選択向きの環境と本節 1 項で述べたコマンド言語向きの環境は大きく異なっており，対象となるユーザ，システム，タスクをよく考慮して対話方式を選択しなければならない．表 4.2 に，それぞれの対話形式の特徴を比較する．

表 4.2　コマンド言語とメニュー選択の対比

	コマンド言語	メニュー選択
ユーザ	タイピング能力が必要 コマンドに習熟 学習意欲がある	選択だけでよい 利用に不慣れ 初心者向き
システム	処理負荷が小さい 画面は小さくてもよい	処理負荷が大きい 画面は大きくする 高い耐久性が必要
タスク	頻繁な対話を要求 操作手順が予測不能 機能拡張の可能性	主な作業は選択 選択肢が限られている

一口にメニュー選択といっても，どのようなメニューの表現法と項目の選択法が適しているかは，そのときの状況により異なってくる．よく用いられるメニュー方式には，**単層メニュー**，**シーケンシャルメニュー**，**木構造メニュー**がある．単層メニューはある 1 つの事柄に関して選択するもので，2 つの項目のどちらかを選択する二者択一メニュー，複数の項目の中から 1 つを選択する n 者択一メニュー，複数の項目から複数を選択する複数選択メニュー（図 4.3）などがある．

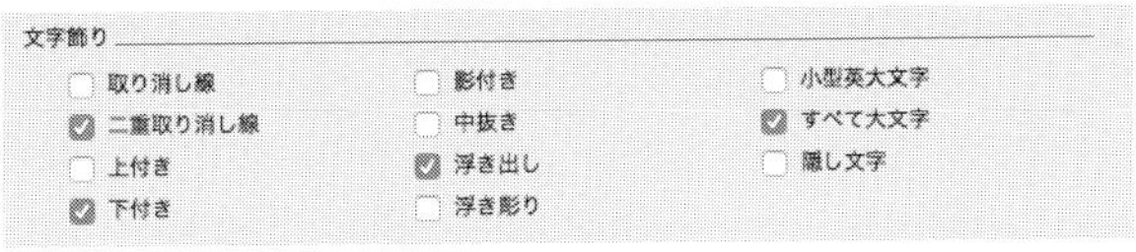

図 4.3　複数選択メニュー（チェックボックス）

(1)　*n* 者択一メニュー

特に二者択一メニューでは，項目を選ぶときキーボードからいちいちポインティングデバイスに手を伸ばす手間を避けるため，デフォルトの選択肢を決めておき，Enter（Return）キーの入力でデフォルトの選択肢が選ばれるという手段を用いる．デフォルトの選択肢としては

- 使用頻度の高い選択肢
- ユーザが直前に選択した選択肢
- 仮に間違えたとしても被害が小さい選択肢

などが採用される．商用サービスのための Web サイトでは，ユーザに損失や被害を与える選択肢を故意にデフォルトとする場合があるので，注意が必要である．

(2)　シーケンシャルメニュー

ソフトウェアのインストール時やネットワークの設定時など，関連する項目を次々と選択していくような場合に用いられる．通常は複数の画面にわたって選択が行われるので

- どの選択画面にいるかを明示する
- 以前の画面に戻れる
- 画面の順序がユーザの期待と一致している
- 最終的な選択結果をまとめて表示する

ことなどが望ましい．

(3)　木構造メニュー

人間が一度に見て判断することができる項目数は限られており，メニューの選択項目数があまりにも多いと大きな表示領域を必要とするばかりではなく，非常に選択しづらいものとなってし

図 4.4　木構造メニュー

まう．そのような場合には，類似した項目をグループ化し，さらにそれを階層化することにより，図 4.4 のように多くの項目を効果的に表示することができる．しかし，あまりに深く階層化するとかえって選択がしにくくなるので，3 階層以下にすることが望ましいとされている．

キーボードから手を離し，ポインティングデバイスを操作してメニューを選択することは，上級者にとって非常に煩わしく感じられることが多々ある．特に深い階層の項目を選択するときにはいっそうその傾向がある．そこで，キー入力によりメニュー選択できるようなショートカットを用意しておくことが重要となる．

また，項目をどのようにグループ分けするかは選択効率に大きく影響するので，関連した項目をグループ化し，わかりやすいグループ名を付ける，などのことを考慮する必要がある．また，同じ階層の項目をどのように表示するかも選択効率に大きく影響する．項目数，表示順序，表示内容などに関しては，次のことを考慮しなければならない．

* 短期記憶の記憶容量は7±2チャンクといわれているので，項目数も 9 以下にする*．
* 各項目は人間にとって自然な順序で並べる．
* 特に順序がないときは，重要な項目や使用頻度が多いと思われ

*第 3 章 3.1 節 2 項参照．

る項目を初めに配置する.

- 表示順序はユーザが指定した場合を除いて変えない.
- 関連する項目をグループとしてまとめて表示し，グループ間の境界は線などで明示する.
- 選択できない項目は薄く表示するなどして明確に示す.
- ショートカットを用意した項目は相当するキーを表示する.
- よく使用される項目のみを表示し，その他の項目はユーザの要求により表示すると効果的な場合もある.

図 4.4 に示したメニュー選択は，画面もしくはウィンドウの特定の位置に表示された項目を選択すると，その下に関連するメニューが表示されるもので，**プルダウンメニュー**と呼ばれている．一方，ポインティングデバイスで画面の任意の位置を選択すると，その位置に表示されているオブジェクト（項目）に依存したメニューが表示される**ポップアップメニュー**もある．ポップアップメニューには，マウスの位置を中心として選択肢を円形に配置する**パイメニュー**もある．これは，すべての選択肢への距離が同じであるという特徴があるが，リスト型のメニューと比較して少ない選択肢しか表示できないという課題がある.

3. 空欄記入

インターネットショッピングやユーザ登録などで最もよく用いられているのが，**空欄記入**による情報入力である．空欄記入は，図 4.5 に示すように表示された複数の記入欄の一つにカーソルを移動させ，記入欄に適したデータ形式で情報を入力していく．決められた場所に決められた形式で情報を入力していくだけなので，初心者にとってもわかりやすい対話形式であるといえる.

空欄記入を利用するときは，以下のような点に注意して画面をデザインしなければならない.

(1) 見やすいレイアウト

枠で囲むなど記入欄がどこであるかを一目でわかるようにするとともに，記入欄を揃える，あるいは空間的に分散させるなど見やすい画面レイアウトとする.

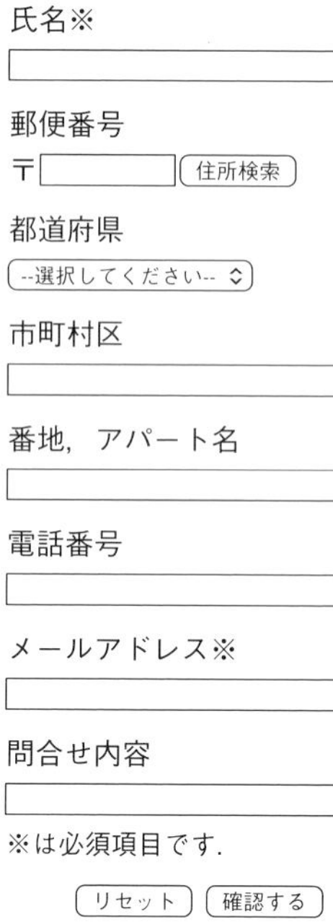

氏名※

郵便番号

〒　住所検索

都道府県

--選択してください--

市町村区

番地，アパート名

電話番号

メールアドレス※

問合せ内容

※は必須項目です．

リセット　確認する

図 4.5　空欄記入

(2) わかりやすい指示

記入欄名には簡潔で，親しみやすく，一貫した用語を用いる．記入欄の順番は自然なものとして，論理的な意味のあるものはグループとしてまとめる．また，必須記入欄には印を付け任意記入欄と区別する．一般的に，必須記入欄は任意記入欄より前に配置する．

(3) 容易な修正

記入欄の指示とは異なるデータ形式で入力された場合は，エラー表示とともに，自動的に再入力指示を行うようにする．また，個々の記入欄の修正だけではなく，すべての記入欄の取消しも行えるようにする．

(4) 終了処理

すべての記入欄の入力が終わっても訂正の可能性があるので，自動的に終了することはせず，記入終了後に何の操作ができるかを明示する．一般的には，確認ボタン操作により，記入したものの一覧が表示されるようにする．一覧表示で間違いが発見されれば，前の入力画面に戻れるようにする．

4．直接操作によるインタラクション

4.2 節において，よいデザインのためには，可視性，よい概念モデル，自然な対応付け，フィードバックが重要であることを述べた．**直接操作**によるインタラクションでは，そうした要素を採用することによって，ユーザにコンピュータを扱うための特別の知識を要求しない．Windows や macOS などではデスクトップメタファを採用しており，書類を広げたり辞書を置いたりする仕事机の環境をコンピュータ上に実現している．関係のある書類は同じフォルダに整理して格納し，不要になった書類はごみ箱に捨てる（図 4.6）．まさに実世界で行っていることと同じことを，ポインティングデバイスを操作してコンピュータ上で行っていることになる．

以下に，直接操作によるインタラクションの特徴を，使用するユーザ，対象となるシステム，タスクや使用状況から検討してみよう．

(1) ユーザ

コンピュータに関する特別な知識のない初心者でも取り扱える．可視性，概念モデル，対応付け，フィードバックに優れてい

図 4.6　デスクトップ環境

るため，学習が必要な場合でも比較的容易であり，また記憶にも残りやすい．しかし，上級者にとっては煩わしく感じられることもある．

(2)　システム

直接操作を実現するには，動作を連続的に表示し，操作結果を直ちに視覚化する必要があるので，大きな処理能力を必要とする．また，ビットマップディスプレイとポインティングデバイス，そして第6章で述べるGUIが不可欠である．

(3)　タスク

操作環境を実世界のメタファとして表現しているので，日常の行動から推測した物理的な動作で操作することが可能である．そのため何を行っているか，操作が目標どおりに進んでいるかなどがわかりやすい．また，逆操作により操作を取り消すことができるので，安心して操作を進められるとともに，まだ実行したことのない操作を試すことができる．しかし，一連の動作を繰り返すような処理や操作の履歴を追跡することには困難が伴う．

前述のコマンド言語やメニュー選択と比較して，直接操作方式による対話が優れている点は，直接的に操作しているという感覚をユーザに与えることができ，なおかつ類似性により操作結果が推測できることにある．このような感覚を得られることは，インタラクションにおいてユーザの認知的負担を減少させることにつながる．

4.5　ユーザエクスペリエンス

第1章で述べたとおり，インタフェースのユーザビリティを評価する因子には，効果，効率，満足がある．効果や効率は比較的容易に数値的に評価することが可能であり，その結果がわかりやすいことから，インタフェースの評価指標としてよく使われる．これに対して満足感，快適性，情動，動機付けなども重視してインタフェースを設計すべきであるというのが，**ユーザエクスペリエンス**（UX）の基本的な考え方である．

JIS Z 8530：2021では，UXとは「システム，製品又はサービスの利用前，利用中及び利用後に生じるユーザの知覚及び反応」と定義される[1]．例えば，Web を利用した健康管理用のアプリケーションの場合，UX を考慮することで，自己効力感を向上させるアプローチが必要であることに気づくかもしれない．具体的には，体重や血糖値などの自分の健康状態の推移を示す数値をグラフ化し，日々の成果を確認できるようにすることなどである．ほかにも，グラフを複数の参加者が相互に参照できるようにすることによってコミュニティとしての一体感をもたせるなど，健康管理を持続するための動機付けを強めるアプローチは，UX に焦点を当てたデザインといえるだろう．さらに，アプリケーション利用前に目にした広告や，利用開始前のセットアップにおける体験なども，UX に含まれる．つまり UX には，利用中の体験（瞬間的 UX）や利用後にそれを振り返ったときの体験（エピソード的 UX，累積的 UX）だけでなく，システム利用前の体験（予期的 UX）も含まれる＊[2]．

＊予期的 UX は，システム利用前に利用を想像している段階，瞬間的 UX はシステムとのインタラクション中，エピソード的 UX は後にその利用を振り返っている段階における体験である．累積的 UX は使用期間全体を振り返っている段階における体験である．

UX には，ユーザの内的状態や過去の経験，現在のコンテキスト（どのような状況でそれを利用したか）も影響する[3]ため，よい UX を提供するためのデザインが難しいことはいうまでもないが，その評価も同様に難しい．ユーザの主観的な印象を，尺度を利用し数値的に評価することも可能ではあるが，インタビュー調査や作業観察などに基づく質的な手法も多く用いられる．

4.6　デザインと評価のプロセス

1．デザインのための方法論

よいユーザエクスペリエンスを提供するシステムをデザインするためのプロセスとして代表的なものに，**人間中心設計プロセス**がある．これは文字どおり「人間」のことを中心に考え，システムを設計する考え方である．人間中心設計のプロセスは，ISO の国際規格「ISO 9241-210：2019 Ergonomics of human-system interaction」として標準化されており，日本でも，同じ内容が規格化されている（JIS Z 8530：2021）．本規格は，1999 年に規格化された ISO 13407「インタラクティブシステムの人間中心設計プロセス」をもとにしたものであるが，UXの考え方が加えられて大幅に改訂されている．同プロセスでは，開発工程全体を通して，4つの活動を繰り返すことを推奨する．具体的には，「利用状況の理解及び明示」「ユーザ要求事項の明示」「ユーザ要求事項に対応した設計解の作成」「ユーザ要求事項に対する設計の評価」である（図4.7）．

開発工程では，システムの利用者をしっかり理解したうえで，利用者が求めていること（要求事項）を明確化し，具体的なデザイン案（設計解）は，利用者によりしっかり評価するというプロセスを，ユーザの要求が満たされるまで何度も反復することが推奨される．

デザイン思考も，人間を中心に置き，よいUXを実現するための考え方である．もともとデザイナーが新しい何かをデザインするときの考え方であったが，デザインファームのIDEO社がモノづくりにその考え方をもち込み広まった．デザイン思考のコアプロセスは，「共感（empathize）」「定義（define）」「アイデア造り（ideate）」「プロトタイプ（prototype）」「テスト（test）」という5つのプロセスで語られることが多い．システムの対象ユーザを観察やインタビューを通して理解（共感）し，ユーザの要求・解くべき課題を特

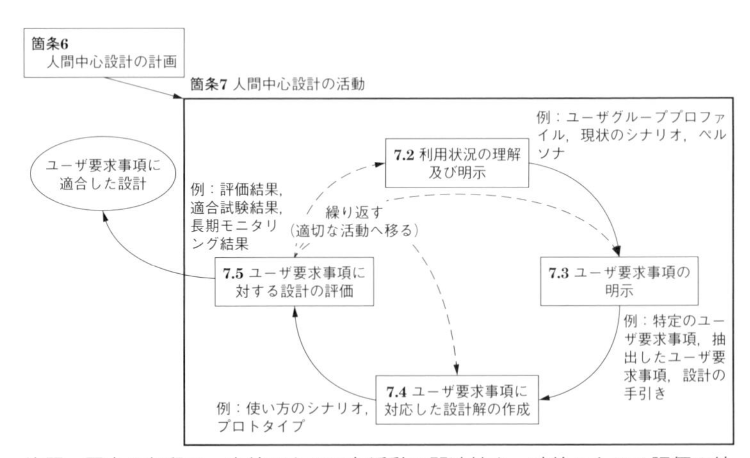

注記　図中の矢印は，実線のものは各活動の関連性を，破線のものは評価の結果に基づいて繰り返される活動との関連性をそれぞれ示す．

図4.7　人間中心設計の活動の相互関連性（JIS Z 8530:2021より）

定（定義）し，ブレインストーミングなどのツールを使いつつ，アイデアを検討する．得られたアイデアは，形（プロトタイプ）にして，ユーザによるテストと改善を繰り返す．これにより，ユーザの気持ちや求めていること，取り囲む環境などの理解につながり，よいUXの提供につながる．

人間中心設計プロセスもデザイン思考も，そのコアとなる考え方は共通点が多い．システムを利用することになる「人」のことを深く理解すること，そこで見いだされた課題に焦点を当てデザインを行うこと，そして，デザインした解決策は人による評価と修正を反復的に繰り返すことである．以降では，人の理解，解決策の導出，解決策の評価という3プロセスそれぞれの具体的な方法について述べる．

2. 人のニーズ理解

(a) 行動観察とインタビュー

インタラクティブシステムをデザインするうえでは，それを使う人々の生活や業務を深く理解し，人々が本質的に求めていることや抱えている課題を捉えることが必要となる．そのためには，システム/サービスを使うことになる人を観察したりインタビューしたりすることが必要である．

エスノグラフィー：ethnography

観察には，人々が生活や業務を行う現場に出向き，観察を行う**エスノグラフィー**という手法がある．インタラクティブシステムのデザインでは，言葉の由来となった文化人類学で行われている長期の観察ではなく，特定の行為に着目した短期間の観察に留めることもある．観察者は人々の行動を直接見ることで，無意識の行動や，人々が置かれている環境・状況やその背景のコンテキスト（文脈）を具体的に理解できる．行動観察には，現場と一定の距離を置いて観察する「非参与観察」と，現場にいる人々の活動に自ら参加を行う「参与観察」がある．いずれのケースでも，観察の際は「なぜ，このようにしているのだろうか？」と疑問をもちながら，人の無意識の行為も含めて，その意味を理解しようと試みる．観察結果は細かくメモを取り，詳細な記録をつくっていく．

一方，人々が考えていることは観察だけではわからないため，インタビューを通して人の内面や行動の意図を知ることも重要である．インタビューには，用意した質問を順に聞いていく構造化面接，大まかな項目のみ決めておきユーザの回答に応じて聞き方を変えていく半構造化面接があるが，後者が望ましい．また，実験者とユーザが１対１で行う個別インタビューと，ユーザを複数集めて１つのテーマを話し合うグループインタビューがあるが，ニーズを抽出するためには，個々の対象者の話を深く聞くことができる前者が望ましい．

インタビューでは，システム利用に関わる行為やその意図・目的，気持ちや考えなどを聴取する．システムの利用場面のみならず，インタビュー相手の生活全体に興味をもち，利用前後の行動，環境や状況などのコンテキスト，その人の価値観や趣味など，その人を幅広く理解しようとすることが肝要である．

観察やインタビューは，デザインしようとしているシステムの内容がまったく定まっていない段階でも実施可能である．例えば，「インターネットに苦手意識をもつ高齢者向けの新サービスを開発したい」など，あいまいな状態でも実施できる．その場合には，生活そのものをなるべく幅広く聴取し，どのような行為をどのような目的で実施しているのか，その背景にある価値観や，各行為の動機や障壁などを幅広く，かつ深く理解することを心掛ける．

調査の基本的な心構えとして，相手に敬意を払い信頼関係（ラポール）を築き，相手がリラックスできるように心掛けることが重要である．また，インタビューでは「昨日の出来事」や「一番最近の場面」など，なるべく具体的なシーンに絞って質問し，具体的な情報を得るよう心掛ける．回答を誘導しないよう，できる限り中立的な聞き方をすることも重要である．

調査対象者は，システムの想定利用ユーザを選定することが基本であるが，インサイト（洞察）を得るために，そのシステムについて極端な利用実績や価値観をもつユーザ（エキストリームユーザ）を調査対象にするケースもある．エキストリームユーザのもつ特徴的な考え方をヒントに，システムのもつ本質的な価値を捉え直し，システムを通して実現したいユーザの理想的な行動などを導くことができる．

なお，アンケート（質問紙調査）は，質問項目として用意した内容や尺度でしか情報が得られないため，新たなニーズを発掘しようとする場合は観察やインタビューを用いる．観察やインタビューで人の興味深い行動や考えが浮き彫りになった際，その傾向を定量的に把握したい場合などには，アンケートを用いて仮説検証を行う．

(b) ニーズの抽出

観察やインタビューで収集したデータは，直後にメモを読み直して補足し，録音データを書き起こすなど，できる限り正確な記録を心掛け，ユーザが本質的に抱えるニーズを抽出するための分析を行う．収集データを多様な角度から吟味するため，すべてのデータを丹念に見直し，ユーザが現在抱えている課題や，本質的に求めていることを探っていく．

例えば，**コンテキスチュアル・インクワイアリ法**[4),5)]でユーザ分析を行う際は，観察で得られたデータを5種のモデルを使って整理する．それらを簡単に説明すると，タスクが行われる流れを整理する「フローモデル」，人の行動の流れを示す「シークエンスモデル」，利用する人工物とその目的を整理する「アーティファクトモデル」，影響する人やその範囲・度合いを整理する「文化モデル」，および活動を行う現場の物理環境を図解する「物理モデル」である．これらの整理を通して，複数ユーザに共通する行為のパターンを見つけ，人のニーズを具体的なレベルで特定していく．

ペルソナ・シナリオ法[6)]では，調査で得られた複数のユーザのデータを矛盾のないように1つの仮想人格（ペルソナ）としてまとめていき，そのペルソナの行動や考えをシナリオの形で記述していく手法である．ペルソナは，特定の個人として記述されるものであるが，特定のインタラクティブ製品のユーザグループを表す．具体的な人格をもったペルソナを描くことで，システムの利用ユーザが明確になり，一貫したコンセプトで開発を進めていくことができる．また，シナリオは，ペルソナがシステムを使って特定のゴールを達成するストーリーを文章として記述したものである．ユーザがどのように考え，どう行動するかに焦点を当てるため，開発者視点ではなくユーザ視点で理想的なシステムのあり方を検討することができる．

カスタマージャーニーマップ：customer journey map

ほかにも，**カスタマージャーニーマップ**は，ユーザの行動をコンテキストも含めて理解するために有効な方法である．具体的には，時間軸に沿って，ユーザの行動（doing），思考（thinking），気持ち（feeling）を整理して図解する．システムを利用している最中の行動だけでなく，利用前後の気持ちや行動も含めて可視化するため，UXを考慮した設計を行いやすい．

GTA：grounded theory approach

SCAT：steps for coding and theorization

研究として，より詳細な分析を行いたい場合には，GTAやSCATなどの手法がある．これらは質的調査手法として，データの収集方法から詳細な分析方法に至るまで明確な手順が定められている．GTAは，質的なデータを構造化し，ユーザの相互行為から新たな理論を発見していく際に用いる．SCATは，データの規模が小さい場合に，データを理論化する方法である．いずれも，観察されたデータに潜在するパターンをモデル化する方法である．

3．解決策の導出

ユーザのニーズと課題を特定したら，そのニーズを満たす解決策を創出する．ブレインストーミング法に代表される自由発想法や，思考に一定の制約をかけ，強制的にアイデアを検討させる強制連想法，SCAMPER法などのアイデア発想法は，解決策創出に役立つ．

アイデアを方向付けるためには，問いを立てることが有効である．デザイン思考では，ユーザの行動・言動の中で違和感のある部分（「ざわざわ感」と呼ばれることがある[7]）を「○○（ユーザ）は，○○（ニーズ）を求めている．なぜなら○○だからだ．とはいえ，○○である」といった形で洞察を記述したうえで，問いを立てることが推奨される．問いは，“How Might We Question（HMWQ）”，つまり「どのようにすれば，○○ができるだろうか」という質問文であり，その文にアレンジを加えることで，アイデアを方向付けることができる．例えば，よい面を強調し「どうすれば，100パーセント，○○ばかりの日々が実現するだろうか」，あるいは逆にネガティブ面を徹底的に取り除く方向で「どうすれば，○○を世界から根絶できるだろうか」など，同じニーズにも複数の問いを立てることができる．

また，解決策創出のためには，アイデアを頭で考えるだけでなく，手を動かしつくりながら考えるプロトタイプ思考も有効である．粘土や段ボール，ソフトウェアの場合は描画ソフトウェアなどの容易に手に入る素材を用い，完成度は低くてもよいので，とにかく素早くプロトタイプをつくっては修正する．少しずつ形にして，つくりながら洗練させていくことが推奨される．

4. 解決策の評価

(a) 構想段階における評価（ストーリーボード）

考案した解決策はなるべく早い段階で評価を行う．システムの構想段階であれば，そのシステムがどのようなユーザの体験（UX）を実現するものなのかをイラストにし（**ストーリーボード**と呼ばれる），評価を行う方法がある．また，段ボールなどで制作したプロトタイプも，ユーザに提示し早期にフィードバックをもらうことで，ユーザに受け入れられやすいシステムをデザインできる．構想段階では，その構想がユーザのニーズを満たす解決策であるかを評価するだけでなく，聞いた相手がそのシステムの対象ユーザなのか，どのようなユーザを対象としたいのかを，評価を通じて確認することも重要である．また，想定する利用状況・環境が想定どおりかも確認し，構想を改善し，具体化するためのヒントを得ることに注力する．個別インタビュー形式で，どのような価値観・生活の人をメインターゲットとするのか，どのような環境・状況で利用し，どのような価値を提供するシステムなのかを明確にしていく．

(b) インタラクション方式の評価（Wizard of Oz 法）

システムがユーザに提供する価値やその利用状況が明確化した段階，つまりシステムの仕様の方向性が定まってきた段階で行うのが，インタラクションの評価である．その際，システムをつくり込む前に，外側のインタフェースのみを擬似的に動かし，人がどう感じるか，どのような反応を示すかを評価する方法がある．**オズの魔法使い法**（**Wizard of Oz 法**）と呼ばれる方法である．例えば，システムの発話自動応答方式を評価するために，システムをつくり込む前に，ユーザの発話後に人が裏で応答文をテキスト入力しそれを音声合成で出力するなどして，あたかもシステムが完成しているかのように振る舞うなどである．

(c) インタラクションの評価（ユーザビリティ評価）

より詳細なデザイン案が出来た段階では，システムが使いやすいかどうか，効率的かどうかなどを評価するユーザビリティの評価の出番である．評価方法は，専門家が評価を行う方法と，ユーザに操作してもらう方法の大きく分けて２種類がある．ユーザによる評価は予想外の反応を観察できたり，生の声や行動が得られる点が利点であるが，コストや納期の制約が厳しい場合には，専門家による評価法を用いる場合もある．

●専門家による評価

シュナイダーマン：B. Shneiderman

ノーマン：D. Norman

専門家による評価技法としては，インタフェースの設計原則や，ガイドライン，チェックリストなどを用い，所定の基準を満たしているかを１項目ずつ確認する方法がある．設計原則としては，シュナイダーマンの対話設計における８つの黄金律（4.3 節参照）や，ノーマンの７つの原則（図 4.8）[8]がある．ガイドラインには，Apple 社の設計ガイドライン[9]などがある．評価項目を熟知している専門家が，インタフェースの仕様を見て，各原則やガイドライン項目の内容が満たされているかを確認していく．この方法は，項目さえあれば評価ができるため，手軽でコストが低い反面，評価者により判断に偏りが生じることや，問題の見落としが発生する可能性がある点に注意が必要である．したがって，他の方法と組み合わせることが望ましい．

また，インスペクションによる評価方法もある．これは，複数の専門家が画面例や簡単なプロトタイプを用いながら使い方を想定し

ノーマン　難しい作業を単純なものにするための７つの原則
1. 外界にある知識と頭の中にある知識の両者を利用する．
2. 作業の構造を単純化する．
3. 対象を目に見えるようにして，実行の隔たりと評価の隔たりに橋をかける．
4. 対応付けを正しくする．
5. 自然の制約や人工的な制約などの制約の力を利用する．
6. エラーに備えたデザインをする．
7. 以上のすべてがうまくいかないときには標準化をする．

図 4.8　ノーマンの７つの原則

1) 簡単で自然な対話
2) ユーザの言葉で話す（専門用語ではない）
3) ユーザに記憶させる内容は最小限に
4) 一貫性をもつ
5) 状況をユーザにフィードバックする
6) キャンセルする方法をはっきり示す
7) 短縮操作も可能にする
8) 適切なエラーメッセージ
9) エラーを未然に防ぐ

図 4.9　ユーザビリティ評価のための ヒューリスティックス

ニールセン：J. Nielsen

て問題点を見つける技法である．インスペクション法の代表的なものに，ニールセンが提唱した技法であるヒューリスティックス法がある．各専門家が自分の経験や知識を用いて，インタフェースの問題を検討していく方法であり，ニールセンは９つのヒューリスティックスを掲げる（図 4.9）[10]．問題を発見するには経験を要するため，専門家が評価する必要があるが，専門知識のある評価者が数人いれば，約８割の問題は発見できることが知られている[11]．

ポルソン：P. G. Polson

ポルソンらが提唱した**認知的ウォークスルー法**[12]も，インスペクション法の一つである．評価者は評価対象のタスクを選定したうえで，想定ユーザの経験や技術力を仮設定し，タスクを完了させるためのひととおりの操作手順と画面を明示する．そして，操作の各ステップにおいて，ユーザの行動モデルと照らし合わせ，「次にすべきアクションが明らかか」「適切にアクションが実行できるか」「アクション実行によりゴールに近づいたか」などを確認していく．最後に各ステップで生じ得る問題を集計し，インタフェース全体の問題としてまとめる．認知的ウォークスルーも，評価者により発見できる問題が異なるため，複数の専門家で実施することが望ましい．

これらのインスペクション法は，粗い画面デザインとその遷移があれば，インタフェースの実装が完成していなくても，問題点を洗い出すことができ，コストがかからないというメリットがある．しかし，評価者にはインタフェースについての知識と経験が求められ，初心者デザイナーは問題点を見つけるのが難しい，という課題がある．

●ユーザによる評価（実験室実験）

実ユーザに実際にシステムを使ってもらい問題を抽出する方法には，実験室で評価する方法と，現場（フィールド）で評価する方法がある．実験室では，統制された環境内で，複数の参加者に同一タスクを実施してもらうことができるため，エラー数や達成時間などの数値で結果を測定し，定量的にインタフェースを評価することができる．例えば，新型キーボードをデザインした場合，ユーザに文字入力などの作業課題を与えることで，旧型との比較評価などが可能である．疲労度やストレスなどの主観は，質問紙を用いて参加者に直接レーティングしてもらう方法を用いることも多いが，心拍や唾液などの生理指標を用いたり，機能的磁気共鳴画像法（fMRI）や脳波（EEG）を指標として用いたりするケースも増えている．

実験をデザインする際は，仮説を検証するために適切なタスクを選定することが不可欠である．改良前後の2つのユーザインタフェースを比較したい場合には，仮説をできるだけ具体的に設定しておき，その効果が最も発揮されるタスクと評価指標を選定し，比較したい要因以外の条件をできる限り統一することが重要である．同一の実験参加者に，新旧両方のインタフェースを操作してもらう場合には，操作の慣れの影響があるため，実施順序を人によりランダマイズするなどの工夫が必要になる．操作する人を分ける場合には，個人差の影響に，より一層の注意が必要となる．

カード：
S. K. Card

心理学的実験の例として，Xerox 社のカードらの研究[13]は有名である．彼らは，マウス，ジョイスティック，矢印キー，テキストキーという4つのインタフェースを比較評価した．テキストキーは，カーソルを文字/単語/行/パラグラフ単位で移動させることができる．画面上でカーソルを目標位置まで移動させるタスクで，目標までの距離を5段階，目標の大きさを4段階用意し，5名の実験参加者が各デバイスにつき200回の課題を実施した．これを4種のデバイスについてランダムな順序で実施した．結果は，目標までの距離が短い場合にはどのデバイスにも差はなかったが，距離が離れるにつれマウスが最も速い結果となった．また，目標の大きさを変えた場合，エラーの数はマウスが最も少なく，パフォーマンスがよかった．この実験では実験参加者がわずか5名（うち1名は成績が悪すぎてデータから除外）と少ないが，評価結果について統計的処理する場合には，本来は少なくとも 10 名以上のデータが必要である．

また，実験室実験であっても質的なデータを得ることを目的に探索的な実験を行う場合もある．例えば，インタフェースの使いにくい部分を洗い出す場合などである．実験参加者に考えていることを発話してもらいながら操作をしてもらう「発話思考法」は，こうした探索的実験の際には有効である．ただし，考えたことをそのまま発話するのは難しいため，実験前に簡単な練習をするなどの工夫が必要である．定量的な実験とは異なり，結果は発話プロトコルからユーザの思考を推定したり，行動履歴を分析して可視化したりすることで示す．なるべく生データも添付しつつ，わかりやすい形で解釈の根拠を示す工夫が必要となる．

実験室環境については，実験室と観察室を用意し，観察室側からハーフミラーやモニタ越しに実験参加者の様子を観察する．観察室からは，実験室全体の様子や実験参加者の操作画面を観察できる環境を用意する（図 4.10）．

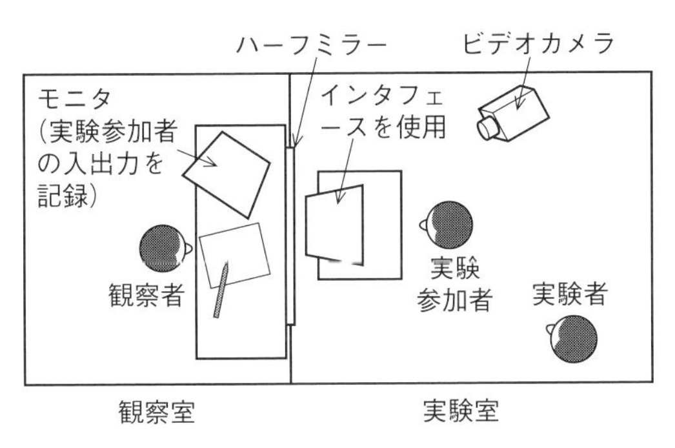

図 4.10　実験室実験の環境例

なお，本格的なユーザビリティテストでは，6~7 名のユーザで評価を行えば，平均すると問題の約 75 %は把握できることが明らかになっている[14]．

●ユーザによる評価（モニタ調査）

システムが完成に近づいたら，ユーザに生活する場で一定期間利用してもらい評価を行う方法がある．こうしたフィールドにおける評価（モニタ調査）では，思いもよらない使い方や，長期間使用する中での使い方の変化など，質的に多くの知見を得ることができる．ただし，ユーザの利用環境や利用方法は統制できないため，定量的な結果を得ることには難しさがある．10名以下の少人数で実施し，各モニタに使用に関する日記をつけてもらう（日記法），モニタ期間後にインタビューを行うなど，各モニタの反応を詳しく調査する方法がある．数十～数百人規模で実施する方法もあるが，インタビューなどと組み合わせない限り，想定の範囲内のデータしか得られないことが多いため，できる限り各モニタから詳細な情報を得られるような手段を検討するとよい．

4.7　共創によるデザイン

人にとって魅力的なシステムをデザインするためには，これまで述べてきた各プロセスを，多様な人とともに実行することが望ましい．人は，様々な角度で世の中を見ているため，つくる活動に多様な人が参加すれば，一人では見えない課題の発見や解決策を見いだすことにつながるからである[15]．そして，システムを利用するユーザ自身も，つくり手の一人として参加することが推奨される．これは**参加型デザイン**[16]と呼ばれる考え方である．1970年代にスカンジナビアでは，産業システムのデザインにおいて利用者である労働者がデザインに参加する権利が主張され，それにより，労働環境向上につながる（すなわち労働者のためになる）システムの導入が可能となった．つまり，現場を一番よく知る利用者をデザインに参加させることは，より効果的で現実的な解をデザインするうえで有益なのである．この手法は北欧を中心に，現在では米国などでも異なる系譜で発展している．

また，システムを利用することになるユーザだけでなく，行政や企業，大学などの多様な関係者による共創が推奨される．実生活の場（リビング）で，長期にわたり実験を繰り返しながら，多様なステークホルダでともにシステムやサービス，社会などをつくっていく仕組みのことを**リビングラボ**と呼ぶ．リビングラボは欧州を中心に広がったが，近年は日本でも多くのリビングラボが生まれている．

リビングラボ：Living Labs
ヨーロッパにはリビングラボのネットワーク団体ENoLL（European Network of Living Labs）があり，日本でも2023年にJNoLL（Japanese Network of Living Labs）が立ち上がっている．

システムやサービスは，人々の生活を便利にすることや，well-beingを高めることに貢献できるとよい．そのためには，ニーズを抱える当事者が，実験の「被験者」や「消費者」としてではなく，つくる活動に「パートナー」として参加できるようにすることが重要である．技術を探究するアカデミアや，システムを世に出す力をもつ企業，長期的な視野で社会づくりを担える行政も，パートナーとしてプロジェクトに参加することができれば，多様な視点が加わり，長期的に見て多くの人によい影響を及ぼすサービスづくりにつながる．つまり，システム単体を個別の企業が営利目的で開発することを超え，持続可能なよりよい社会をつくること（social well-beingの実現）につながるのである．

4.8　技術者倫理[17]

最後に，人が関わるシステムをデザインしていく過程で必ず考慮すべき「倫理」についてとり上げる．研究倫理は，生命科学・医学系研究でその取組みが先行しているが，ヒューマンコンピュータインタラクションも「人」が必ず関わる分野であるため，配慮が必要となる．

システムをデザインする過程で実験を行う場合には，実験参加者の保護が第一義となる．そのためには，参加者に事前にしっかりと，実施目的やメリット，負担・不利益，結果の公表可能性などについて説明し，了承・合意を得ることが必要である．また，自由意志での参加を保障し，いつでも中断が可能であることも事前説明が必要である．また，相手の特性に応じて実験を設計することや，個人情報保護に万全の対策を施すこと，そしてその方針についても事前に参加者に合意をとることが必要となる．これらの基本方針を守ることは，実験参加者の保護につながることはもちろん，研究者自身を守ることにもつながる．

また，システムをデザインする過程に「参加する人」に対する倫理だけでなく，最終的につくり出すシステムを「利用する人」を対象にした倫理も考える必要がある．近年は，新規の技術を社会実装する際に生じ得るあらゆる課題に対処するため，ELSI（ethical, legal and social issues）というくくりで語られることも多い．特に，人工知能（AI）を用いたシステムをつくる場合には，AI倫理にも気を配る必要がある．具体的には，人のバイアスが増幅されたアウトプットになっていないか，著作権侵害や個人情報漏えいにつながっていないか，差別的な表現や偽情報が含まれていないかなどである．AIは，注意して使えば社会に大きな便益をもたらす一方で，つくり手の想像を超えたところで人を傷つけることや社会にネガティブな影響を与える可能性もあるため，細心の注意が必要である．

演習問題

問1　ユーザの概念モデルはどのようにして構築されるか．

問2　インタラクティブシステムにおいて，なぜ逆操作ができること（行為を取り消せること）が求められるのか．

第5章

入力インタフェース

人間がコンピュータに対して指令を与え，適切な情報処理をさせるためには，それを入力する装置が必要である．手や指で道具を細かく扱えることは，人間の特徴であり，現在広く普及している入力デバイスは，手の指で操作するものがほとんどである．本章では，キーボード，マウス，タッチスクリーン，ペン入力など，指で扱うデバイスを中心に，情報入力のためのデバイスの特徴と，それらを用いた文字入力やポインティング操作の技術について学ぶ．

5.1 キーボード

1．キーボードの役割

キーボード：keyboard

タッチタイピング：touch typing

キーボードは，もともと機械式タイプライタのために発明されたものであるが，現在でもコンピュータの基本的な文字入力装置として用いられている．キーボードは，基本的に1文字が1キーに対応しているため確実な入力が行え，**タッチタイピング**を用いれば高速な文字入力が可能である．その反面，利用にはある程度の習熟が必要であり，図形などの2次元情報を入力するのには適さない．

タッチタイピングとは，キーボードを見ずに両手のほぼすべての

図 5.1　QWERTY 配列キーボード（米国 ANSI 配列*[1]）

＊1　ANSI 配列はASCII配列とも通称される.

＊2　1888年にシンシナティで開催されたタイピングコンテストにおいて，タッチタイピングを習得したタイピスト(Frank E. McGurrin) が優勝したことがきっかけで広く普及した．この事件は，QWERTY 配列が広く定着するきっかけともなった.

指を使って打鍵する技術*[2]であり，初心者には使いづらくても，習熟によって高い効率が得られるユーザインタフェースの一例である．標準的な **QWERTY 配列**（クワーティー配列）（図 5.1）の場合，タッチタイピングでは，左右の手の指はそれぞれ「ASDF」および「JKL；」をホームポジションとして，その上下の縦の列（人差し指は2列）を分担する．F キーと J キーには，人差し指の感触だけで位置が把握できるように，突起などがついていることが多い.

最近はキーボードを備えないモバイルデバイスも増えているが，文字入力ではタッチスクリーンに表示されたソフトウェアキーボードを使うことが一般的である.

2. キーの種類

修飾キー：modifier key
Shiftキーと Control (Ctrl) キーは歴史が古く一般的な修飾キーである．AltGr (Alt Graph) キーは英語以外キーボードで文字入力に用いられる．他の修飾キーの名称や個数は，OS や製品によって異なり，Alt (Alternate), Command, Option, Meta, Graph, Windows などがある.

現在一般的に使われているキーボードには100個程度のキーがあり，アルファベット，数字，記号などの文字だけでなく，空白，改行，改ページなどの印刷・表示用の制御文字の入力も可能である．さらに，削除，挿入，コピーなどの編集操作や，コンピュータの停止，音量の調節，ウィンドウの切換えなど，コンピュータに対するさまざまな操作も，それらの機能に対応したキーを押すことで可能である.

また，**修飾キー**と呼ばれるキーは，単独では用いず，他のキーと同時に押すことで別の文字コードを入力するためのものである．例えば，Shift キーは，英字キーと同時に押すことによって，大文字と小文字を切り換えて入力することができる．一般的に修飾キーは複数同時に使用できるので，3つの修飾キー（例えば，Shift，Control（Ctrl），Alt）がある場合，全キー数の8倍（$=2^3$倍）の文字コードが入力できることになる．頻繁に使われる修飾キーは，同時に押すキーと異なる手で打鍵できるように，キーボードの左右に配置される．

3. キーボードレイアウト

ショールズ：C. L. Sholes

＊米国 ANSI INCITS 154-1988（R1999）および国際規格 ISO/IEC 9995 として標準化されている．

現在我々が目にするほとんどのキーボードは，左上の英字キーの配列が「QWERTY」となっている．これは1870年代にショールズによって設計されたもので，QWERTYキーボードまたはショールズキーボード*と呼ばれている．この配列が考案された経緯としては，機械式タイプライタの構造的制約によるという説が有力であったが，現在では否定的な研究が示されている[1)]．これ以前にはアルファベット順に基づく配列が多く使われていたが，アルファベット順に基づく配列は，子供のような初心者以外にはほとんど利点がないことがわかっている[2)]．

ドヴォラク：A. Dovorak

タッチタイピングが普及してからは，タイピング速度をさらに高速化し，タイピストの手にかかる負担を減らすために，キー配列を改良する研究が行われてきた．その中で最も有名なものは，1920年代にドヴォラクが研究を重ねて開発した**ドヴォラクキーボード**である（図5.2）．これは，統計情報に基づき，英語で最もよく使われる10文字を母音と子音で左右に分け，各指のホームポジションであるキーボード中段に配置したものである．その結果，各指の運動量は減少し均等化されて疲労や炎症が減少し，タイピング速度もQWERTY配列より向上するという．

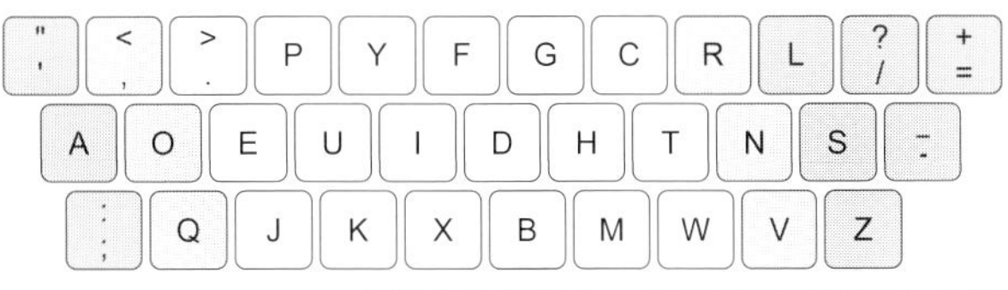

図5.2 ドヴォラクキーボードの配列（アルファベット部分）

しかし，依然としてドヴォラクキーボードの利用者はわずかである．これは，既にQWERTYキーボードが標準規格となり，ほとんどの製品がそれを採用している状況では，人々が別の配列を学習する利点が少ないからだといわれている．それに加えて，QWERTY配列は速度面ではそれほど悪くないという分析もある[2]．

このような例は，ユーザインタフェース技術ではよく見られる．ユーザインタフェースは人が使うものなので，単に性能や効率がよければ普及するというわけではないのである．

なお，タッチタイピングよりもさらに速さが要求される速記用キーボードでは，キーの総数を10個程度に減らし，複数のキーを同時に打鍵して音節単位で文字列を入力する**和音式キーボード**も利用されている．

和音式キーボード：
corded keyboard

4．キーボードの機械的特性

キーボードは，直接指で触れるデバイスなので，機械的な特性がユーザの使用感や打鍵の正確性に大きな影響を及ぼす．一般的に，ユーザが不安なく快適に入力を続けられるためには，入力デバイスが適切なフィードバックを与えることが重要であり，キーボードの場合は打鍵時にある程度の抵抗力とキーストローク（押込みの深さ）があることが望ましい．また，左右の隣り合うキーの中心間の距離（キーピッチ）は，平均的な手の大きさのユーザの場合，19 mm程度が好ましいとされる．

ドヴォラクキーボードの失敗以来，キー配列を改善する提案はほとんどないが，キーボードの全体形状を人間工学に基づいて改善しようとする試みは盛んである．その多くは，QWERTYキーボードの右手と左手の分担部分を分離した形状を取っている．この理由は，ユーザが机の上に両手を置いた際，両腕が自然な角度（25°程度）になるようにするためである．図5.3はそのようなキーボードの一例である．

図 5.3 人間工学を応用したキーボードとマウスとテンキーの例
(Microsoft Sculpt Ergonomic Desktop)

5.2 日本語入力と入力支援技術

1. 日本語キーボード

コンピュータが日本に導入されたときから，日本語の入力は非常に大きな問題であった．日本語の場合は，約50字のかな文字2種類に加えて，数千字もの漢字を入力する必要があるからである．

日本語のかな文字のキー配列は，**JIS 配列**[*1]として標準化されている．これは，大正時代に開発されたタイプライタの配列[*2]に由来する．これより優れたものとして，日本語の統計情報に基づいて開発された新 JIS 配列[*3]や，富士通が開発した**親指シフト入力方式**など，多くの配列が考案されたが，QWERTY 配列に対するドヴォラク配列と同様に，どれも JIS 配列に取って代わることはなかった．

現在では，アルファベットのキーのみを利用する**ローマ字かな変換方式**の利用者が最も多い．これは，かな直接入力に比べて打鍵数は2倍近くなる計算だが，かな文字のキーの配列を別途覚える必要がないので習得しやすいという利点がある．

漢字入力装置としては，初期には盤上に並ぶ千以上の漢字から所望の漢字をペンで選択する**漢字タブレット**が用いられた．また，通常のかなキーボードを用いてかな2文字の連続打鍵で漢字1字を入力する**2 ストローク方式**[*4]も考案された．

＊1 JIS X 6002-1980 情報処理系けん盤配列

＊2 米国特許第1549622号・第1600494号(1923年スティックニー)，JIS B 9509-1964 カナ・ローマ字タイプライタのケン盤配列（カナモジカイが標準規格化を建議）

＊3 JIS X 6004-1986 仮名漢字変換形日本文入力装置用けん盤配列，1999年廃止

＊4 KIS，カンテック，T コード，TUT コードなど

2. かな漢字変換

現在，日本では漢字の入力方法として，**かな漢字変換**方式が一般に利用されている．かな漢字変換の典型的な手順では，ユーザが読みがなを入力して変換キーを打鍵すると，それが画面上で漢字に変換される．このとき，2位以下の変換候補も提示されるのでユーザは正しいものを対話的に選択できる．

この方式は，1978年に東芝の森健一らが開発した最初の日本語ワードプロセッサJW-10で実用化された．コンピュータが机程度の大きさまで小型化され，対話的なユーザインタフェースが実現できたことによって，文法解析が完全でなくても実用的に使えるシステムが実現できたのである．現在では自然言語処理の成果を利用して，さらに優れたさまざまなかな漢字変換アルゴリズムが開発されている．

3. 入力の自動修正や予測

広い意味で辞書データを利用する**入力支援技術**は，かな漢字変換に限らない．特に欧文のワードプロセッサでは，スペルチェッカや文法チェッカがなくてはならない機能である．これらは，単語のつづりの誤り，文章の文法的な誤りや好ましくない用法を自動的に指摘・訂正する機能である．

さらに，ユーザの入力を修正するだけでなく，次の入力を予測して自動的に補完を行う技術も利用されている．例えば，テキストエディタで開きかっこが入力された時点で自動的に閉じかっこを補完したり，当日の年と解釈される文字列が入力されると月日の文字列を候補として提示したりする．プログラミング言語の開発環境やコマンドラインインタフェースでは，早くから文法エラーの警告や構文の補完（if-then-elseなど）などが実用化されていた．

これを日本語入力とかな漢字変換に応用したものが，ソニーが開発したPOBox[3)]（図5.4）をはじめとする**予測入力**あるいは**予測変換**システムである．これは，ユーザが「き」あるいは「k」だけを入力した時点で，辞書とそれまでの入力履歴から先を予測し，「機能が」などの単語や語句を変換候補として提示する．

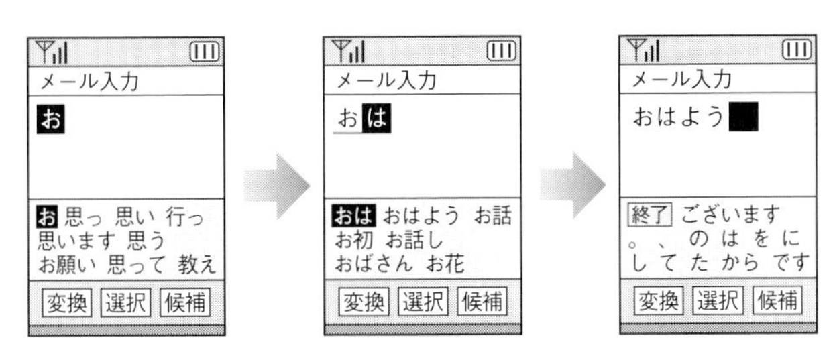

ひらがなを入力していくと次を予測して，漢字
変換された単語や言い回しを提示する．

図 5.4　予測入力システムの例（POBox）
（www.pitecan.com/OpenPOBox/の画像をもとに作成）

5.3　ポインティングデバイス

1．ポインティングデバイスの役割

ポインティングデバイス：pointing device

＊1　第6章6.2節参照．

＊2　第4章4.6節4項(c)の「●ユーザによる評価（実験室実験）」参照．

ポインティングデバイスは，平面あるいは空間での位置を入力できるデバイスであり，画面上でメニューの選択や図形の操作をするのに適している．GUI*1とウィンドウシステムが普及してからは，文字入力よりも選択操作が重要になり，ポインティングデバイスはコンピュータの操作に不可欠なものとなった．

ポインティングデバイスには，タッチスクリーンのように表示画面上で直接位置を指定する直接入力型のデバイスと，マウスのように机上などで間接的に操作をする間接入力型のデバイスがある．ポインティングデバイスは，間接入力型のものでも，キー操作より直感的かつ高速に位置の入力が可能である．コンピュータをほとんど使ったことのない人に，テキストエディタでカーソルを指定の位置に移動してもらう実験を行ったところ，矢印キーよりもマウスのほうがパフォーマンスはよかったという結果も知られている*2．

2. 直接入力型ポインティングデバイス

(a) ペン入力型

ライトペン：
light pen

＊1　初期にはより大型でライトガンと呼ばれた．

＊2　このシステムについては第6章6.2節1項で説明する．

ライトペンは，1950年代に開発された最初のポインティングデバイス[*1]であり，画面を直接指すことで位置入力ができる．これは，ペン先の光センサでCRTの画面の発光を検知し，そのタイミングから位置を計測する装置だが，計測精度や取扱いに難点があったため，後に発明されたマウスなどに取って代わられた．初期のライトペンの使用例を図5.5に示す[*2]．

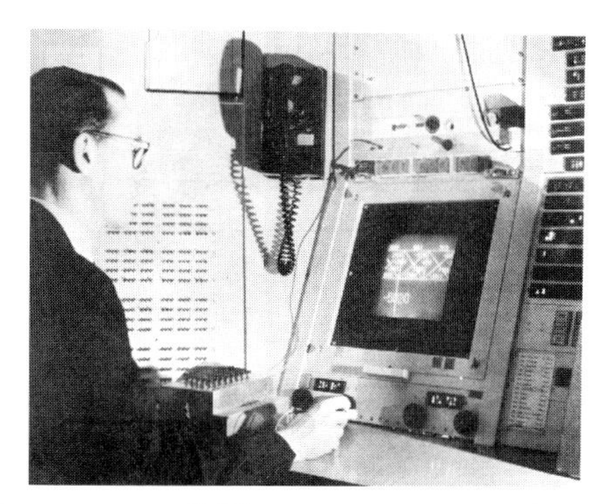

(a) Sketchpad：世界初のGUI/CADの一つ（1963年）
(Scanned by Kerry Rodden from original photograph by Ivan Sutherland, CC BY-SA 3.0 via Wikimedia Commons)

(b) AT&T Bell研究所Graphics I システム（1967年）
(Bell telephone magazine, Internet Archive Book Images)

図5.5　ライトペンを用いた初期のグラフィックスシステム

液晶ペンタブレットは，液晶ディスプレイとペンタブレットを組み合わせたもので，画面上を覆う透明なセンサ回路によってペン（スタイラスとも呼ばれる）の位置を検知する．動作原理は，後述するペンタブレットと同様である．電磁誘導式で**筆圧検知機能**の付いたものは，マウスより直感的でタッチスクリーンより精度が高いので，イラストを描く用途などに利用される．

(b) タッチ入力型

タッチスクリーン：touchscreen

特殊なペンなどを必要とせず，表示画面を直接指で触って指示できるデバイスは，**タッチスクリーン**または**タッチパネル**と総称される．タッチスクリーンは初心者でも扱いが容易なので，銀行のATMや電子機器の操作パネルに用いられてきた．マルチタッチ入力と呼ばれる多点同時入力が可能なデバイスが開発されてからは，スマートフォンなどのモバイルデバイスなどに広く採用されている．タッチスクリーンは長い間，触覚的なフィードバックが得られないのが弱点といわれていたが，振動などでフィードバックを与える技術が実用化されている．

タッチスクリーンの動作原理は，タッチパッドやペンタブレットと同様に静電容量式や感圧式のものが多いが，ディスプレイの表面を超音波振動させる表面弾性波式や，赤外線などで側方から測位する光学式，液晶パネルに光センサを埋め込んだ光センサ液晶などがある．

インタラクティブホワイトボード：interactive whiteboard

電子黒板（インタラクティブホワイトボード）（図5.6）やデジタルサイネージとして用いられる大型のデバイスでは，ディスプレイにセンサ回路を組み込んだもののほかに，プロジェクタとカメラを組み合わせたシステムも利用されている．複数の色のペンや黒板消し型のデバイスを利用できるものもある．

3. 間接入力型ポインティングデバイス

(a) 方向入力型

ジョイスティック：joystick

ジョイスティックは，垂直な棒を傾けることによって方向を入力する最も単純なポインティングデバイスである．頑強で方向を素早く入力できるので，主にゲームで用いられるが，細かい操作には適さない．入力は，4方向のものから360°可能なものまであり，さら

図 5.6　インタラクティブホワイトボード（シャープ BIG PAD）

図 5.7　ジョイスティック型の 3 次元マウス
（3Dconnexion Space Navigator）

ポインティングスティック：pointing stick

トラックポイント：trackpoint

＊トラックポイントは，IBM 社の商標．キーボードの B キーの上の隙間に設置され，金属棒のひずみを検知する方式なので，キーボードから手を離さずに指先で細かな操作が可能である

に傾きの大きさ（角度）を入力できるものもある．

類似したデバイスとして，**ポインティングスティック**や**トラックポイント**＊と呼ばれる豆粒大のデバイスや，傾けることに加えて引っ張ったりひねったりすることによって 6 自由度の入力を可能にした **3 次元マウス**（図 5.7）も利用されている．

ゲーム用の方向入力デバイスとしては，任天堂が開発したより単純な**十字キー**も使われている．これは，上下左右の 4 方向のキーが一体化した十字型のボタンである．

(b) 移動量入力型

マウス：mouse

マウスは，机上で扱いやすく，位置入力の精度も高いので，デスクトップコンピュータの標準的なポインティングデバイスとなっている．このデバイスを1964年頃に発明し，その形状からマウス（ねずみ）と名付けたのは，エンゲルバートである．1968年，彼は歴史的なデモンストレーション*の中で，今日につながる多くの先見的なアイデアの一つとしてマウスを発表した（図5.8）．

エンゲルバート：D. C. Engelbart

＊これは，1968年にサンフランシスコで行われたNLS（oNLineSystem）というシステムのデモである．マウスのほかに，片手用キーボード，スクリーンエディタ，ウィンドウ表示（画面分割），ハイパーテキスト，アウトラインプロセッサ，マウスによる図形編集，遠隔テレビ会議，画面共有型の遠隔協同作業などが，はじめて実際のシステムとして動作した．

現在主流の光学式マウスは，底面の光センサやイメージセンサで検出した反射光の明るさの変化や机上の模様の変化から移動量を計測する．機械式マウスは，底面にはめこまれたボールの回転量から移動量を計測するものであった．

マウスの上部には通常1～3個のボタンがある．近年ではホイールと呼ばれる回転型のボタンや小型のトラックボールを搭載したマウスが一般的である．Apple社のMacintoshではユーザに戸惑いを与えないために1ボタンのマウスが採用されたが，1つのボタンで何通りもの操作を実現するために，ダブルクリックやキーを押しながらのクリックなど，必ずしも容易といえない操作が導入された．Apple社以外の製品では，第2，第3のボタンに一定の役割を与えて混乱を防ぐことが一般的である．現在では，上面が全面タッチセンサになっており，マルチタッチジェスチャに対応したマウスも発売されている．

トラックボール：trackball

トラックボール（図5.9）は，機械式マウスを裏返したような構造のデバイスである．ユーザはデバイスの上部に露出した球の一部を

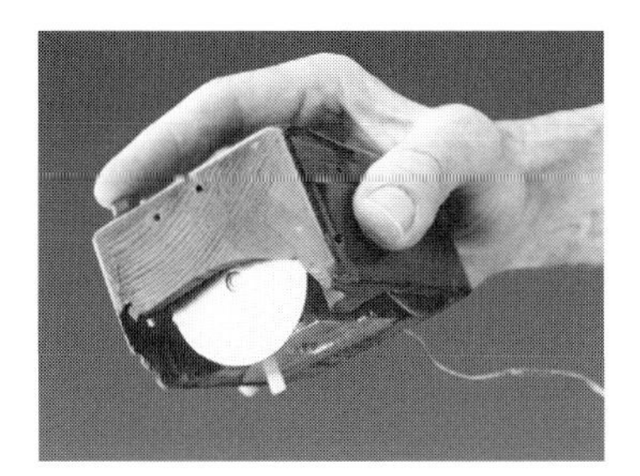

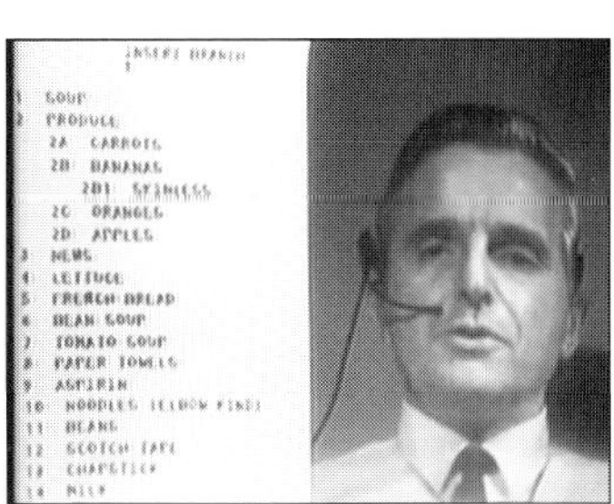

図5.8　最初のマウス（1964年頃）とNLSのデモ画面（1968年）
（写真提供：SRI International）

図5.9　トラックボール（Kensington SlimBlade）

指で転がすことで，相対的な移動量を入力できる．トラックボールは，手首や腕にかかる負荷が少なく操作スペースが不要なので，工場や医療現場などで使用されている．トラックボールの方向入力は，ジョイスティックよりも速く正確であることがわかっている．

(c) 座標入力型

ペンタブレット：graphics tablet / pen tablet

＊1　タブレットは，もともと銘板または古代ローマの書字板を意味する単語である

ペンタブレット＊1 は，専用の感知面と指示装置（**スタイラス**）を用いて平面上の絶対座標を入力できるデバイスである．現在では，主にフリーハンドの描画に利用されているが，かつては紙の設計図などからの座標入力に利用されていたこともある．ハードウェア構造は，コイルの電磁誘導を利用した電磁誘導式や，圧力センサを利用した感圧式などがある．前者は，スタイラスが感知面に接触していなくても近接すれば位置を検知できるので，画面上にポインタを表示することができる．

ペン型の入力デバイスとしては，ほかにもペン先にカメラを内蔵して特殊な模様が印刷された用紙の上でペンの位置を検知するもの＊2 などがある．

＊2　Anoto Pen（アノトペン）と呼ばれるシステム

タッチパッド：touchpad

タッチパッド（図5.10）は，感知面を指で触って座標や軌跡を入力するデバイスであり，現在ではほとんどのノート型PCで採用されている．実用上は，マウスの代替として絶対座標ではなく変位量の入力デバイスとして利用されることが多い．人間の指が帯びている静電気を電極面で検知する静電容量式のものが主流であり，感圧式のものもある．多点入力に対応したものではマルチタッチジェスチャによる操作が可能である．初期のタッチパッドにはクリック操

図 5.10 左右のボタンが付いた普及初期（2000 年代）のタッチパッド（ソニーVAIO ノート）

作のためのボタンが付属していたが，感知面への軽いタップをクリックと扱う方式や，振動によって触覚的フィードバックを与える技術が開発され，ボタンが付属しないものも一般的になっている．

4. ポインティング操作

ポインティングデバイスで計測・入力できる独立変数の個数を**自由度**といい，そのデバイスで実現可能な操作を規定する．通常のポインティングデバイスは，平面上の座標（x, y）または移動量（Δx, Δy）の 2 変数を入力とするので 2 自由度であり，これにボタンの押下状態などが加わる．電磁誘導式のペンタブレットでは，これらに加えてペンの傾きやその方向，筆圧なども独立に入力できる．

マウスを用いるユーザインタフェースでは，以下のような基本的な操作に機能が割り当てられることが一般的である．

クリック：click

① **クリック**：マウスのボタンを押し，素早く離すこと．ボタンが 2 つ以上ある場合には，使用するボタンによって，左クリック，右クリック，左右ボタンの同時クリックなどのバリエーションがある．

② **ダブルクリック**：マウスの位置はそのままで，ボタンを素早く 2 回クリックすること．3 回ならばトリプルクリックという．

ドラッグ：drag

③ **ドラッグ**：ボタンを押したままマウスを移動させること．さらに別の場所でボタンを離すことを，**ドラッグ・アンド・ド**

ドラッグ&ドロップ：drag and drop

ロップ（以下，簡便のため「**ドラッグ&ドロップ**」と表記）という．

タップ：tap

ストローク：stroke

スワイプ：swipe

フリック：flick

これに対して，タッチスクリーンやペン入力型デバイスでは，点を打つように画面を触れる**タップ**と，線を引くように画面上をなぞる**ストローク**が基本的な操作であり，どちらも非常に直感的である．これらに加えて，タッチスクリーンでは，画面上で指を滑らすことを**スワイプ**，画面を弾くように素早く動かすことを**フリック**という．タップはマウスのクリック，ストロークやスワイプはドラッグに対応し，OS などのシステムソフトウェアではほぼ同じように扱われる．

5. ジェスチャ

ジェスチャ：gesture

ポインティングデバイスによる**ジェスチャ**は，あらかじめ決められた動きの入力によって，文字や図形の編集や特定の機能の選択を行う操作である．

ペン操作によるジェスチャの例としては，文字列や図形の上でスクラブというジグザグの取消し線を描くことによる削除操作，文章中の単語などを丸く囲むことによる選択操作，登録した字形にペンを動かすことによるプログラムの起動操作（例：C でカレンダーの起動）などが研究や製品で提案・開発されている（図 5.11）．

マルチタッチ：multi-touch

多点入力に対応したタッチスクリーンやタッチパッドでは，複数の指を用いた**マルチタッチジェスチャ**が可能である．スマートフォ

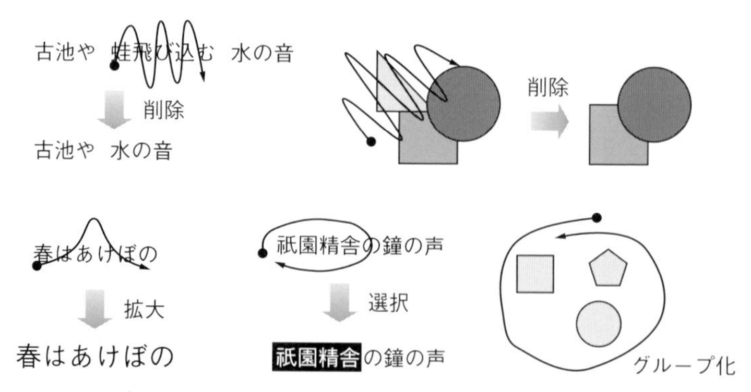

図 5.11　ペンジェスチャの例

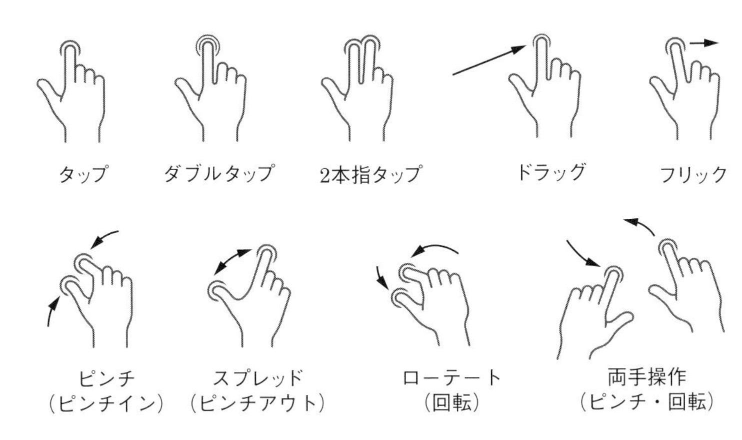

図 5.12　主なマルチタッチジェスチャ

ピンチ：pinch

ンなどでは，2 本の指をつまむように動かす**ピンチ**（ピンチイン）と逆に広げるように動かすスプレッド（ピンチアウト）でそれぞれ画像を縮小および拡大し，2 本の指をずらす操作で回転させることができる．また，指 2 本でのタップをマウスの右クリックに対応させ，3 本でのスワイプをドラッグに対応させることもある．図 5.12 は主なマルチタッチジェスチャの一覧である．

6. フィッツの法則

フィッツ：P. M. Fitts

フィッツの法則：Fitts' law

ポインティングデバイスで目標にポインタを移動させるのに要する時間を予測するモデルとして，**フィッツの法則**がある．これは，もともと手の動きに関するモデルであった．

フィッツの法則によれば，図 5.13 (a) に示すように，ポインタの始点から目標までの距離を D，目標の幅（許容誤差×2）を W とするとき，ユーザが始点から目標までポインタを動かすときにかかる時間 T は，D と W の関数であり

＊対数の底は 2 としたが，底の変換公式により，b の値を定数倍すれば同値の式となる．

$$T = a + b \log_2\left(\frac{D}{W} + 1\right) \qquad (5 \cdot 1)$$

マッケンジー：I. S. MacKenzie

と表すことができる＊．a および b はユーザや装置に依存する定数である．これは，オリジナルのフィッツの法則をマッケンジー[4]が改

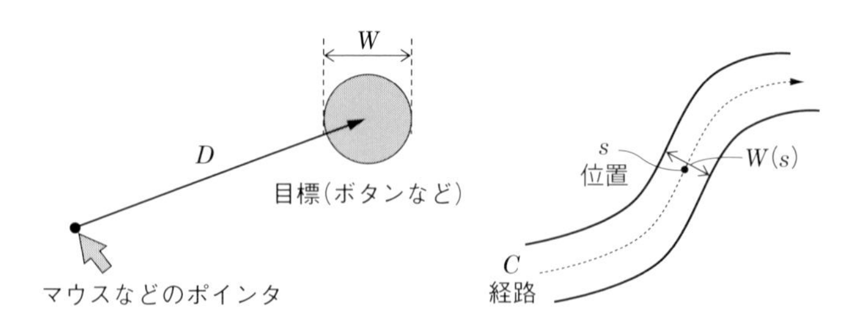

（a）フィッツの法則　　（b）ステアリングの法則

図 5.13　フィッツの法則とステアリングの法則

良したものである．

なお，フィッツの法則の式に含まれる次の部分を**困難度指標** ID と呼ぶ．

$$\mathrm{ID} = \log_2\left(\frac{D}{W} + 1\right) \tag{5・2}$$

すなわち，目標までの距離 D が長く，目標の幅 W が狭いほど，操作が困難であり，特にそれらの比が重要であることを示す．

フィッツの法則を発展させて，経路をなぞるような操作時間を定式化したものが**ステアリングの法則**[5]である．これは

ステアリングの法則：The steering law（ステアリングは人名ではない），Accot-Zhai steering law

$$T = a + b\int_C \frac{ds}{W(s)} \tag{5・3}$$

と表すことができる．ここで，C は経路，$W(s)$ は経路上の位置 s における幅であり（図 5.13（b）），a，b は定数である．この式は，フィッツの法則から数学的に導くことができ，実験結果とも適合する．特に経路 C が直線状の場合は，積分して次の単純な式が導かれる．D と W はそれぞれ経路 C の長さと幅である．

$$T = a + b\,\frac{D}{W} \tag{5・4}$$

5.4　モバイルデバイスの入力技術

1. モバイルデバイスの特徴

モバイルデバイス：mobile device

近年，**スマートフォン**や**タブレット端末**などの**モバイルデバイス**（図5.14）は，我々の生活になくてはならないものとなった．ほとんどのモバイルデバイスは，小さな本体になるべく大きな画面を確保するために，入出力兼用のデバイスであるタッチスクリーンを採用している．しかし，タッチスクリーンは直感的な操作には適しているものの，文字入力ではキーボードほど効率的ではない．そこで，モバイルデバイスのインタフェースでは，文字入力が大きな研究開発テーマとなっている．

さらに，**スマートウォッチ**のような画面が非常に狭小なデバイスの場合，タッチスクリーンによる操作も困難である．このようなデバイスでは，音声認識*が有効な入力インタフェースとなっている．

＊第8章参照.

2. キーボードの小型化

携帯電話では，図5.15に示すように各キーに複数の文字が割り当てられ，連続打鍵によって文字を切り替える方式が用いられていた．これは**トグル入力**や**かなめくり式**などと呼ばれる．このほかに，2つのキーの組合せで1つの文字を入力する**2タッチ式**（**ポケベル式**）も利用されていた．

さらに，1つのキーに複数の文字が割り当てられていても，単語

図5.14　モバイルデバイス
（タブレット端末，スマートフォン，スマートウォッチ）

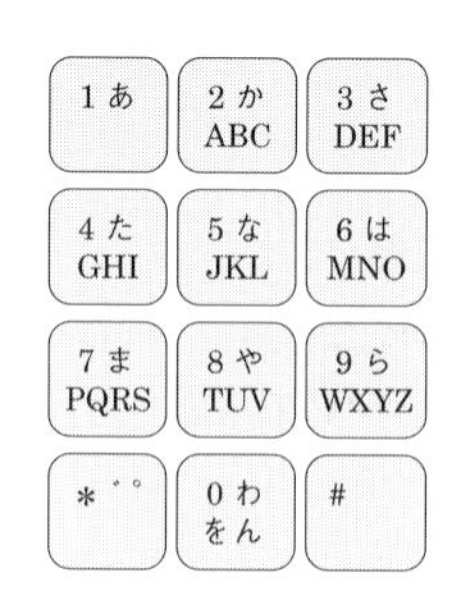

携帯電話のボタン入力では，同じキーの連続打鍵によって文字を切り替える．
例）how ＝446669
　　りんご＝9900022222＊

T9では，1回ずつ押せばよい．
あいまい性は辞書で解決される．
例）how ＝469
　　りんご＝902＊

図 5.15　携帯電話の数字キーによる文字入力

図 5.16　ハーフ QWERTY 配列（Matias Half keyboard）
（写真提供：Matias Corporation）

辞書を用いて適切な組合せを推測することで，1 文字につき 1 回の打鍵で済ますことができる方式が，**シングルタップ方式**である．これは，図 5.15 の配列をそのまま用いた T9[*1] や，日本語向けに新しい配列を考案した SHK[*2] などがある．

タッチタイピングに対応した片手用のキーボードも開発されている．計算上では，キーボードを半分にしても修飾キーを 1 つ追加すれば，右手分と左手分の両方を片手で入力できることになる．図 5.16 は，このアイデアに基づいたハーフ QWERTY[6)][*3] という配列であり，左右を切り換えるキーは親指が担当する．

＊1　T9は，Tegic Communications 社（当時）が開発した．

＊2　SHK は，富士通が開発した．

＊3　ハーフ QWERTY は Matias 社にて販売していた．

3. 手書き文字入力

手書き文字認識：handwriting recognition

ペン型デバイスでテキスト入力を実現するには，ユーザが書いた文字を**手書き文字認識**によって読み取るのが自然な方法であろう．ペン入力では筆跡のストロークから筆順や交差の情報を得られるので，画像認識による手書き文字認識に比べて高い認識率が得られる．しかし，文字を書くことは時間がかかり，筆順を間違えたり，

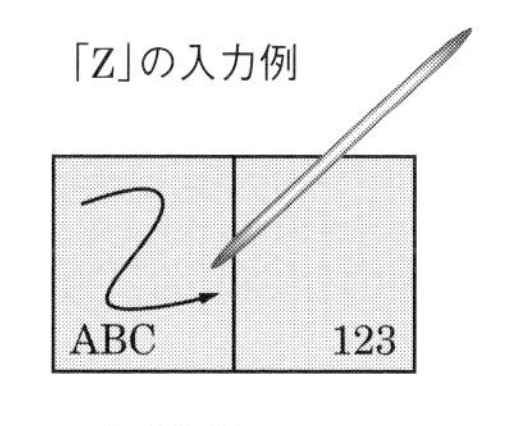

ペン入力領域はアルファベット用と数字用に分かれている

図 5.17　Graffiti 文字入力（Palm Inc. Palm OS）

崩した字体や複雑な漢字を書いたりすると，誤認識が増加してしまう問題もある．

一筆書き文字入力は，このような問題への解決案であり，アルファベットや記号に対して，原則として1ストロークで入力できる新しい“文字”を定義する．Unistroke アルファベット[7]では非常に単純な形状が採用されたのに対し，Palm OS の Graffiti*1 文字入力（図 5.17）ではアルファベットの大文字をもとにした覚えやすい形が採用された．どちらも，ユーザが習熟すれば，非常に速く正確な入力が可能である．

＊1　Graffiti は，Palm 社が開発した．graffiti は落書きという意味の英単語．

4. タッチ操作による文字入力

モバイルデバイスでは，画面にキーボードを表示する方法もよく用いられており，**ソフトウェアキーボード**と呼ばれている．ソフトウェアキーボードでは，予測入力*2 との併用が効果的である．キー配列としては QWERTY や五十音図が一般的であるが，ペンやタッチ入力に最適化された配列*3 も提案されている．

ソフトウェアキーボード：software keyboard

＊2　本章 3 節 3 項の図 5.4 参照．

＊3　FITALY 配列（Textware Solutions 社が開発）など．

また，文字を分類して階層型のメニューを用いれば，各キーを押しやすく大きくできる．日本語の**フリック入力**（図 5.18 左）は，タッチスクリーンで五十音の行（子音）を選択し，そのままタップするか上下左右へのフリック操作で段（母音）を選択するかな入力方式である．先行技術としては T-Cube[8] などがある．

ソフトウェアキーボードと一筆書き文字入力の利点を組み合わせたものが，**一筆書き単語入力**である．これは画面上で文字を順になぞるように軌跡を描くと，1 単語が入力されるというものである．

図5.18　タッチ操作による文字入力

Cirrin[9]はその一例であり，円環状に配置された文字を順になぞって単語を入力する．さらに，QWERTY配列上でこれを実現したものが，**なぞり入力**（iOS）や**グライド入力**（Android）（図5.18右）であり，経由するキーのあいまい性は辞書を用いてユーザに単語の候補を提示することで解決する．

なぞり入力：slide to type

グライド入力：glide typing

5.5　その他の入力デバイス

最近のほとんどのノート型PCやモバイルデバイスが内蔵している**カメラ**は，最も汎用的な入力デバイスであり，単に写真や映像を撮影するだけでなく，それに画像処理を施すことによって，視線入力，ジェスチャ入力，QRコード*などの**2次元コード**の読取り，文字や文章の読み取り（OCR）など，従来は専用の装置が必要とされていたさまざまな情報入力に利用することができる．モバイルデバイスのカメラで撮影した看板などを，リアルタイムに他言語に翻訳するソフトウェアも開発されている．

＊QRコードは，デンソーが開発した．

OCR：optical character reader

また，最近のコンピュータは，コンピュータが周囲の環境を認識し，ユーザのコンテキスト（文脈）に応じた処理を行うために各種の**センサ**が内蔵されている．特にモバイルデバイスでは，本体の傾きや移動状況を検知できる加速度センサやジャイロセンサ，地球上での位置や方向を検知するためのGPSや磁気センサ，周囲の明るさを検知する照度センサなどを内蔵しており，ほかにもスマートウォッチでは脈拍（心拍）を備えたものもある．これらのセンサの中には，入力インタフェースとして利用できるものもある．例え

GPS：global positioning system

ば，GPSと加速度センサを利用し，近くで2つの端末を振ると情報の共有ができるソフトウェアも開発されている．

その他，音声言語を認識する音声インタフェースに関しては第8章，XRで使われるような空間的・身体的な入力デバイスについては第10章を参照してほしい．

演習問題

問1 タッチタイピングにおける各指およびキーボードの各段の使用頻度を概算するプログラムを作成してみよ．任意の英文を読み込み，各指と各段の使用頻度の統計をとればよい．

問2 日頃用いているアプリケーションソフトウェア（表計算ソフトウェアや描画ソフトウェアなど）において，予測入力や補完などの入力支援技術がどのように用いられているか，例を挙げて説明せよ．

問3 左利きの人がマウスを使うときの問題点を挙げ，実際にどのように解決されているか調べよ．また，左手用のマウスについて調べよ．

問4 もぐらたたきゲームを難しくする方法として，フィッツの法則の困難度指標（ID）の中の変数に対応する方法を2つ挙げて，具体的にどのように表示などを変えるとどのように難しくなるといえるのか，数式を使って理由を説明せよ．

問5 ピンチとスプレッドのジェスチャによって，画像を拡大縮小するプログラムをつくりたい．2本の指で画像内の $P_1(x_1,\ y_1)$ と $P_2(x_2,\ y_2)$ にタッチし，それぞれ点 $Q_1(X_1,\ Y_1)$ と $Q_2(X_2,\ Y_2)$ に移動させるとき，画像の任意の座標 $P(x,\ y)$ が移動する先 $Q(X,\ Y)$ は，次の式で求めることができる．

$$\begin{pmatrix} X \\ Y \end{pmatrix} = a \begin{pmatrix} \cos\theta & -\sin\theta \\ \sin\theta & \cos\theta \end{pmatrix} \begin{pmatrix} x-x_1 \\ y-y_1 \end{pmatrix} + \begin{pmatrix} X_1 \\ Y_1 \end{pmatrix}$$

この式の回転角 θ と拡大率 a （>0）の求め方を示し，式の意味を考察せよ．

第6章

ビジュアルインタフェース

人間がコンピュータから情報を受け取り，適切な対話を行うためには，コンピュータからの出力を表示する仕組みが重要である．特に，人間は外部からの情報の大部分を視覚から得ているため，視覚情報の利用はヒューマンコンピュータインタラクションにおける最も重要なテーマといっても過言ではない．本章では，2次元的な情報表示のハードウェアとその上で発展したグラフィカルユーザインタフェースの歴史と構成について学ぶ．

6.1 表示デバイス

1. 表示デバイスの種類

CRT：cathode ray tube，陰極線管

コンピュータの表示装置としては，長い間**CRT**（ブラウン管）が使われてきたが，現在では液晶ディスプレイおよび有機ELディスプレイがほとんどのシェアを占めている．そのほか，スクリーンや壁面に映像を投影するプロジェクタや電子インクを用いた電子ペーパーが用いられている．

LCD：liquid crystal display

＊1インチ＝25.4 mm

液晶ディスプレイ（**LCD**）は，対角線が1インチ*未満のものから200インチを超えるものまで，さまざまな大きさや解像度のものが用いられている．近年では，曲面のものも販売されている．液晶

は，電圧をかけると分子の向きがそろって光の透過率が変化する物質であり，これを格子状のセルに封入して画面を構成する．ただし，液晶自体は発光しないので，通常はバックライトと光の三原色のフィルタを利用する．

OLED：organic light-emitting diode

有機ELディスプレイ（**OLED**）は，有機発光ダイオードを格子状に配置したディスプレイである．バックライトが不要，液晶よりも高画質，かつ色の再現性が高いが，大型のものをつくることが難しい．近年では，折り畳み可能なものも実用化されている．

プロジェクタは，画像や映像を投影する装置であり，使用できるスクリーンの大きさは投影光の明るさに依存する．会議室や教室では100インチから300インチのスクリーンに対して明るさ数千lm（ルーメン）のものが利用されているが，片手サイズのモバイルプロジェクタでは数百lm，建物へのプロジェクションマッピングに使われるものでは数万lmのものもある．プロジェクタの構造には，透過型液晶方式，反射型液晶方式，格子状に集積した微小な鏡を制御するDLP方式などがある．

DLP：digital light processing，テキサス・インスツルメンツ社の商標

電子ペーパーは，表示内容の更新時にしか電力を消費しないデバイスであり，電子ブックリーダーなどに用いられている．代表的な方式である電気泳動方式では，顔料粒子を混ぜた液体をマイクロカプセルに封入した電子インクを各画素とし，それらに電界をかけて表示内容を変更する．

さらに，液晶ディスプレイやプロジェクタでは，両眼視差による立体視を実現する3次元ディスプレイやヘッドマウントディスプレイ（HMD）が実用化されている．3次元ディスプレイについては第10章10.1節2項(a)でXR技術の一つとして解説する．

2．色のデジタル表現

カラーディスプレイでは，赤・緑・青の小さな点が組になって画面上の1ピクセル（画素）を構成している．この赤・緑・青は光の三原色と呼ばれ，適当な割合で混色することですべての色を表現できる（図6.1）．人間の色覚は，それぞれの原色の強度の割合から色を識別しているからである*．

＊第2章2.1節3項参照．

これに合わせて，コンピュータシステムでは，色を表すために三

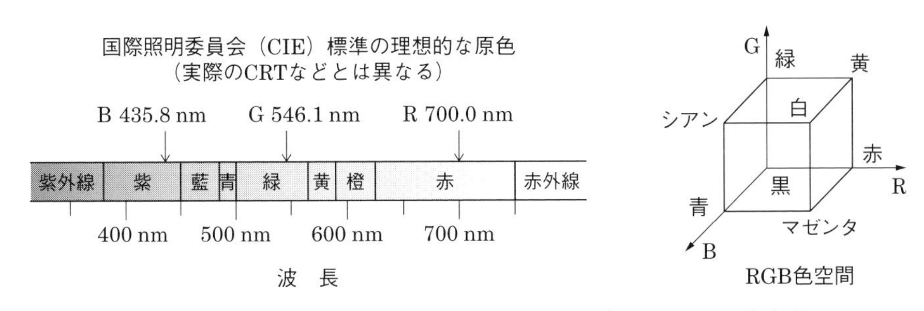

図 6.1（口絵 2）可視光のスペクトルと光の三原色による RGB 色空間

RGB：
red, green, blue

色空間：
color space

フレームバッファ：
frame buffer

ガンマ補正：
gamma correction
γ=2.2 が一般的.

原色の強度（0.0〜1.0）を座標軸とする**RGB 色空間**が用いられる．さらに内部的には各原色の値は量子化され，色は RGB のビットフィールドをもつ 2 進数で表される．例えば，24 ビットカラーのシステムでは，RGB に各 8 ビット（0〜255）を割り当て，約 1 677 万色（＝256×256×256）を表現できる．この環境で 1 920×1 080（フル HD）の解像度の表示をするためには，画面表示の記憶領域（**フレームバッファ**）として，約 6 MB（＝3×1 920×1 080）の容量が必要になる．

この量子化処理は線形ではなく，歴史的な理由によって，CRT ディスプレイの明るさの表示特性（ガンマ値）に合わせて暗い光を実際よりも強めるように階調が補正されている．これを**ガンマ補正**（$V_{out} = V_{in}^{1/\gamma}$）といい，色に関する処理を正確に行いたい場合は，これの逆補正をして線形値に戻してから演算を行う必要がある．

また，カラー映像をグレースケールに変換する際には，人間の眼の特性に合わせて，青成分の重みを小さく，緑成分の重みを大きくするのが一般的である．グレースケール変換として，アナログテレビ放送では輝度 Y の計算に $Y = 0.299R + 0.587G + 0.114B$ という変換式が使われたが，現在ではより複雑ないくつかの方法がある．

HSV：
hue, saturation, value

HSL：
hue, saturation, luminance

CMYK：
cyan, magenta, yellow, black

色の表現にはほかにも，より人間の感覚に近い色の三属性（色相・彩度・明度）を用いた**HSV 色空間**や**HSL 色空間**，印刷に適した**CMYK 色空間**などがあり，RGB に変換して表示可能である．さらに，光の三原色だけではなく，重ね塗りしたときの混合比を表す**アルファチャンネル**（**α 値**）が用いられることもある．例えば，32 ビットで色を処理する場合，24 ビットで RGB 成分を表し，残りの

8ビットで α 値を表す．

我々が見る物の色は照明の色合いにも左右される．同じ白い紙でも，太陽光に波長の長い成分が多い夕暮れには赤みがかって見え，波長の短い成分が多い晴天の日陰では青みがかって見える．これを表示デバイスで再現するのが**色温度**（単位はケルビン〔K〕）の設定である．通常，既定値は曇りの日中と同じ6500Kであり，この値を低くすれば画面全体がオレンジがかり，高くすれば青白くなる．

色温度：color temperature

▌3．表示デバイスの基本仕様

現在の表示デバイスは，図6.2のように**ピクセル**（**画素**）を格子状に並べて画面を構成する．**解像度**を表す単位はppiであり，1インチ当たりのピクセル数（画素密度）を表す．ただし，慣用的には，1920×1080などの縦横ピクセル数を解像度ということが多い．近年，スマートフォンなどでは解像度が300ppiを超え，肉眼では容易にピクセルを識別できない高精細ディスプレイも一般的となっている．

ピクセル：pixel（picture cellからの造語）

解像度：resolution

ppi：pixels par inch

画像を表示する際には，ピクセルを横に1行ずつ左上から右下へと高速に更新する**ラスタースキャン方式**が採用されている．このとき，プログレッシブ方式では，毎回全ピクセルを更新するのに対し，インターレース方式では1行飛ばしで半数ずつ交互に更新する．この頻度を表すのが**リフレッシュレート**（単位はヘルツ〔Hz〕）で，この値が高いほど滑らかでちらつきの少ない動画表示が可能である．

ラスタースキャン：raster scan

リフレッシュレート：refresh rate

デバイス側のリフレッシュレートに対して，映像コンテンツの毎秒コマ数を**フレームレート**といい，fpsを単位として表す．伝統的

フレームレート：frame rate

fps：frames per second

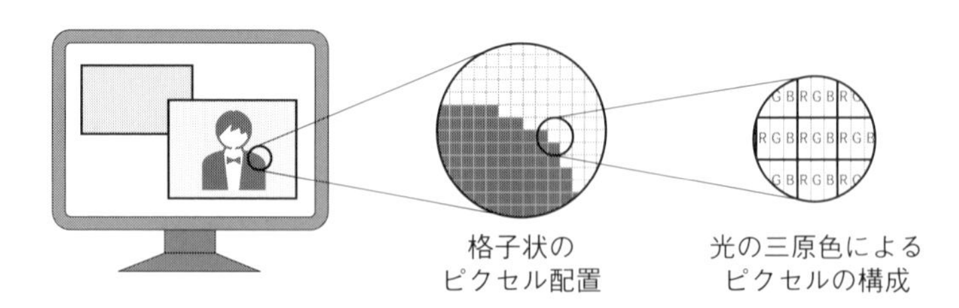

図6.2（口絵3）ラスタースキャンディスプレイによる表示

に映画は 24 fps，日本のテレビ放送は 30 fps であり，60 fps で人間にとってほぼ違和感のない滑らかな映像が得られる．なお，液晶シャッター方式の 3D 表示では，2D 表示の 2 倍のフレームレートが必要である．

アスペクト比：aspect ratio

画面の横と縦の長さの比を**アスペクト比**という．過去には 4:3 が標準的であったが，テレビ放送や映像コンテンツのワイド化に伴って 16:9 や 16:10 などの横長のものが主流になった．ほかに，正方形のディスプレイや，画面全体を回転して縦横を入れ換え縦長の用紙に対応するディスプレイもある．モバイルデバイスは一般に横長でも縦長でも利用可能だが，持ちやすい縦長を標準とするものが多い．

4．グラフィックスプロセッサ

GPU：graphics processing unit

CPU：central processing unit, 中央処理装置

現在のコンピュータには，**GPU** や画像エンジンと呼ばれるグラフィックス描画や画像処理のためのプロセッサが搭載されており（あるいは CPU に一体化されており），専用の命令セットに従って CPU のコアとは独立に描画処理を行う．特に，ビデオゲームや XR アプリケーションの実行には，3 次元的コンピュータグラフィックスの処理に長けた GPU が不可欠となっている．

これらのプロセッサは，数学的な演算を高速かつ並列的に実行することができ，図形の描画や動画の圧縮・展開などを担当することで，表示の高速化と CPU の負荷の軽減に寄与している．さらに，

プログラマブルシェーダ：programmable shader

プログラマブルシェーダという機能を使えば，直接 GPU に処理プログラムを送り込むことも可能である．なお，近年では，GPU の高速な並列演算機能は，人工知能関係の計算でも活用されている．

6.2　グラフィカルユーザインタフェース

1．GUI の誕生

GUI：graphical user interface

現在，パーソナルコンピュータのユーザインタフェースとしては，ウィンドウやアイコンなど画面上でグラフィカルなオブジェクトを操作する**グラフィカルユーザインタフェース**（**GUI**）が利用されている．

サザランド：
I. Sutherland

＊第5章5.3節2項の図5.5を参照.

＊第5章5.3節3項（b）の図5.8および関連のサイドノートを参照.

この GUI の源流は，1963年に**サザランド**が開発した Sketchpad に遡る*．これは，画面上をペンで直接指して線画を描くことができるシステムで，ベクタースキャン方式の CRT ディスプレイとライトペンを利用していた．また，**エンゲルバート**は，1968年にマウスやウィンドウ型の表示などの有名なデモンストレーションを行った*．

アラン・ケイ：
A. Kay

Dynabook：
ダイナブック

Smalltalk：
スモールトーク.
その後，オブジェクト指向言語として仕様がまとめられた.

サザランドの教え子であった**アラン・ケイ**は，1968年に「**Dynabook 構想**」で今日のパーソナルコンピュータを予言し，Xerox 社パロアルト研究所に入社後，ビットマップディスプレイとマウスを備えた試作機 Alto（1973年）と，そのための OS である **Smalltalk** の開発に携わった．Alto およびそのアイデアを受け継いで1981年に市販された Star では，その後の GUI の標準となるデスクトップメタファとマルチウィンドウシステムが実現された（図6.3）．

デスクトップメタファ：desktop metaphor

デスクトップメタファとは，コンピュータの画面を机上（デスク

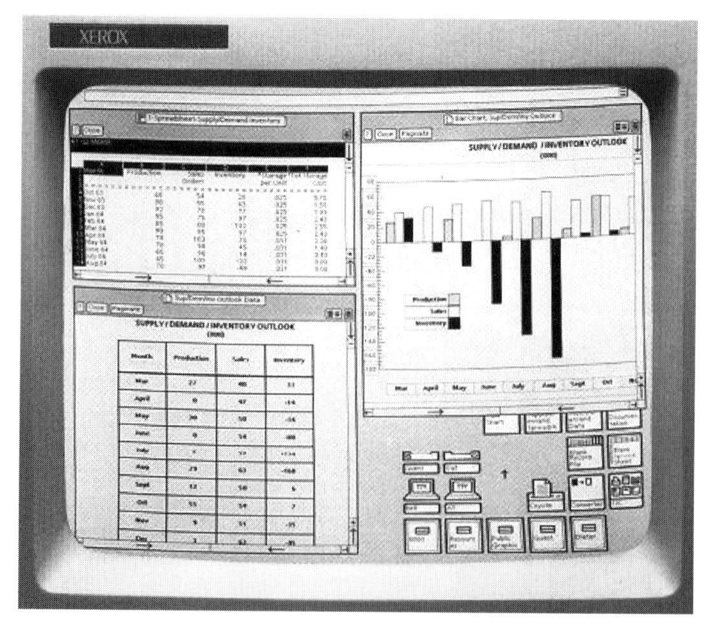

図6.3　デスクトップメタファの発明と実用化（Xerox Star, 1981年）
(Photo provided courtesy of Xerox Corporation)

トップ）の比喩（メタファ）として直感的に表現するデザインである．このメタファでは，デスクトップに文書ファイルやゴミ箱を絵記号化したアイコンが置かれており，それをマウスなどのポインティングデバイスで直接触るように操作できる（直接操作）．GUI以前のコマンド言語インタフェースでは，ユーザは多くのコマンドを正確に覚えておき，それをキーボードで入力する必要があった．それに対して，GUIは，机上の文房具のメタファによる類推と，メニューやアイコンの選択によって，コンピュータに関する専門知識のないユーザでも，手軽に日常作業を行えるように配慮されている．

GUIはその後，Apple社がLisa（1981年）およびMacintosh（1984年）のユーザインタフェースとして採用して有名になり，ほどなくしてMicrosoft社のWindowsやマサチューセッツ工科大学のX Window Systemなど多くのシステムが発表された．そして，1990年のWindows 3.0の発表の頃からは，パーソナルコンピュータでも標準のユーザインタフェースの地位を占めている．

2. マルチウィンドウシステム

パーソナルコンピュータのGUIは，ウィンドウ，アイコン，メニュー，マウスポインタ（図6.4）を主な要素として構成されるので，頭文字をとって**WIMPインタフェース**とも呼ばれており，それを実現するシステムを**マルチウィンドウシステム**，または単に**ウィンドウシステム**と呼ぶ．

WIMP：windows, icons, menus, pointers

マルチウィンドウシステム：multi-window system

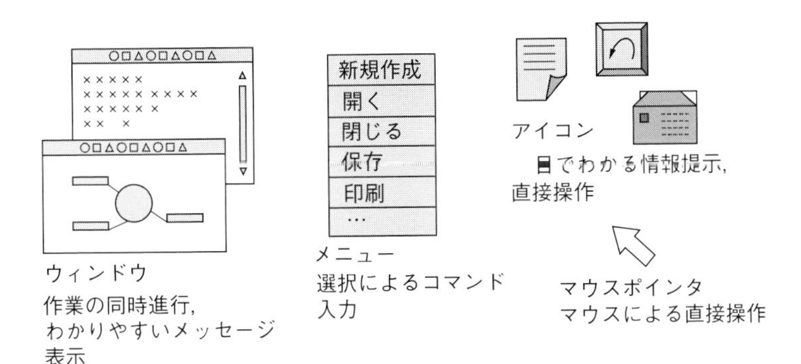

図6.4 マルチウィンドウシステムの構成要素

マルチウィンドウシステムの大きな利点として，ユーザが画面上で複数の作業を自由に切り換え，複数の資料を同時に見比べながら仕事を進められるということがある．各ウィンドウの状態は独立に維持されるので，ユーザは作業の途中状態を忘れてしまっても，即座に以前の状態から継続することができる．

以下に，ウィンドウシステムの代表的な構成要素ごとにその役割を見ていこう．

(a) デスクトップ

デスクトップ：desktop
ルートウィンドウ：root window

ウィンドウシステムでは，画面全体を「机上」にたとえて**デスクトップ**またはルートウィンドウと呼ぶ．通常は1台のコンピュータに画面は1つしかないが，複数の表示デバイスを接続するマルチディスプレイ環境や，複数の画面内容をメモリに保持して表示を切り換える**仮想デスクトップ**によって拡張することもできる．

仮想デスクトップ：virtual desktop

デスクトップには，システムに接続されたハードウェアなどを表すアイコンが配置される．上下左右の端には，ソフトウェアを起動するためのタスクバーやドックと呼ばれるメニューなど，頻繁に利用される機能が配置される．

デスクトップ上に複数のウィンドウを表示する方法として，現代のPC用のウィンドウシステムではウィンドウどうしの重なりを許す**オーバラッピング型**が一般的だが，モバイルデバイスやウィンドウ内部の表示では，領域を縦横に分割する**タイリング型**や全画面表示しかできない切り替え方式を採用しているシステムが多い．

オーバラッピング：overwrapping
タイリング：tiling

(b) ウィンドウ

ウィンドウ：window

ウィンドウは，コンピュータの情報を表示する「窓」であると同時に，それぞれがプログラムを実行している仮想的なコンピュータの画面表示とみなせる．ウィンドウを表示することを「開く」，消去することを「閉じる」という．メッセージを提示したり入力を促したりするために表示される小さなウィンドウは，特に**ダイアログボックス**と呼ばれる．

ダイアログボックス：dialog box

ウィンドウシステムは，ユーザがウィンドウのサイズを変更したり，それを移動したりすることができるように，ウィンドウの周囲に枠（フレーム）とタイトルバーをつけ，最大化やアイコン化といった操作ボタンも付属させる．さらに，ユーザに選択されたウィ

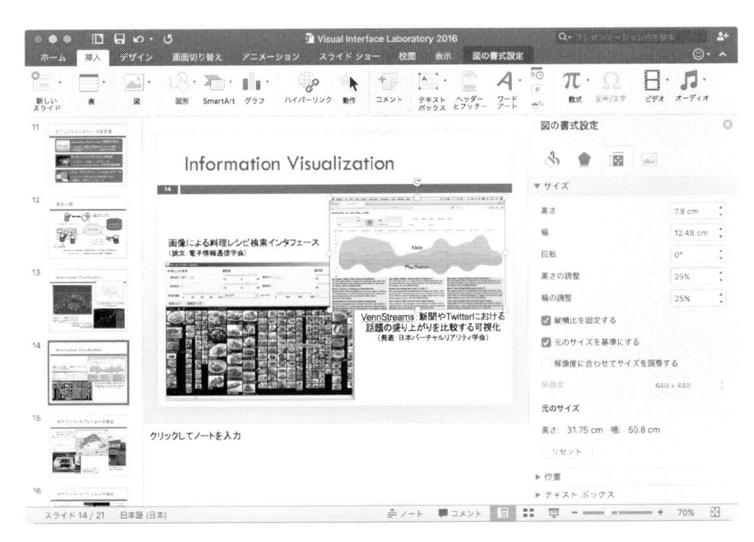

図 6.5　ウィンドウの構成（Microsoft PowerPoint）

ンドウを前面に浮上させるなど，ウィンドウの重なりの順序やアイコン化の状況を管理する．最前面に表示されたウィンドウ（またはマウスポインタのあるウィンドウ）は，**フォーカス**を得てキーボードなどからの入力を優先的に取得する．

ウィンドウの内部は，図 6.5 のように，さらにタイル状に複数の領域に分割されて情報が表示されることが多い．表示内容が領域の大きさに収まらない場合は，右端や下端に表示部分をずらすためのスクロールバーがつく．また，表示内容全体を切り換えるタブと呼ばれるメニューを備える場合もある．

(c) アイコン

アイコンは情報を表す絵記号で，ユーザはその内容や機能を直感的に類推し，データを直接的に操作することができる（図 6.6）．インタラクションの観点からアイコンを分類すると，ファイルやデータを表し，直接操作でコピーや編集ができるオブジェクトアイコン，ユーザの操作の選択肢を表し，選択によってその操作が実行される操作アイコン，状態やメッセージを表し，操作できるとは限らない状態アイコンの 3 種に大別できるだろう*．それぞれ，名詞，動詞，形容詞的な役割を果たすといえる．

フォーカス：focus

スクロールバー：scroll bar

アイコン：icon
なお，icon は，もともとキリスト教の聖像を意味する言葉である（この意味の場合，日本語ではイコンという）．

＊国際規格 ISO/IEC 11581 および JIS X 9303 では，アイコンを object, pointer, control, tool, action の 5 種類に分類し，デザインや機能のガイドラインを示している．この場合，状態を表示するものはアイコンと呼ばず，pointer はマウスポインタなど，control は GUI 部品（ウィジェット）を表す．

オブジェクトアイコン（アプリケーション，ファイル，フォルダ，デバイスなど）

操作・機能アイコン　　　　状態・属性アイコン

（点線の左側：freedesktop.org，右側：www.pixeden.com）

図 6.6（口絵 4）　さまざまなアイコン

オブジェクトアイコンは，通例コンテンツの種類ごとに共通の図象が用いられるが，コンテンツそのものの縮小画像を用いることもある．これは**サムネイル**画像と呼ばれ，ユーザにより直接的に情報を提示するものである．また，オブジェクトアイコンや操作アイコンは，文書の状態や操作の可否を示すために，矢印やバッジなどの小さな記号を重ねたり彩度を低下させたりして視覚的に修飾されることがある．

サムネイル：thumbnail
もとは親指の爪という意味の単語で，英語では，コンピュータの出現以前から，通常の大きさよりも非常に小さい絵画やスケッチを示す用例がある．

(d) GUI 部品（ウィジェット）

GUI では，メニューやボタンをはじめとするさまざまな部品が用いられる．これらの部品は，**ウィジェット**や**コントロール**などと呼ばれている．また，部品の中でポインティングデバイスによって操作できる部分は，ハンドルと呼ぶことが多い．

ウィジェット：widget

ハンドル：handle

GUI において，これら部品は操作の慣用句あるいはデザインパターン[1]といえるものである．図 6.7 に代表的な部品を取り上げたが，GUI が普及するにつれて，新しい分野に対応した部品が開発されて利用されるようになった．これらの中でも**ボタン**は選択操作を実現する最も基本的な部品であり，多くの場合は凸型の外見でデザインされ，マウスなどによって押下されると外見の形が凹む．このように GUI 部品やアイコンには，ユーザに対して視覚的にコンピュータの状態をフィードバックする働きもある．

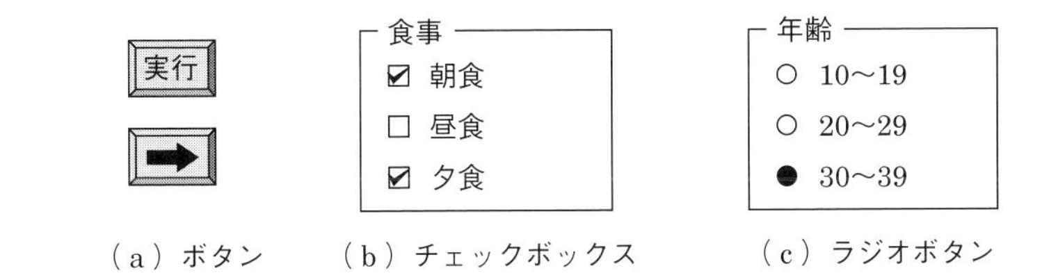

（a）ボタン　（b）チェックボックス　（c）ラジオボタン

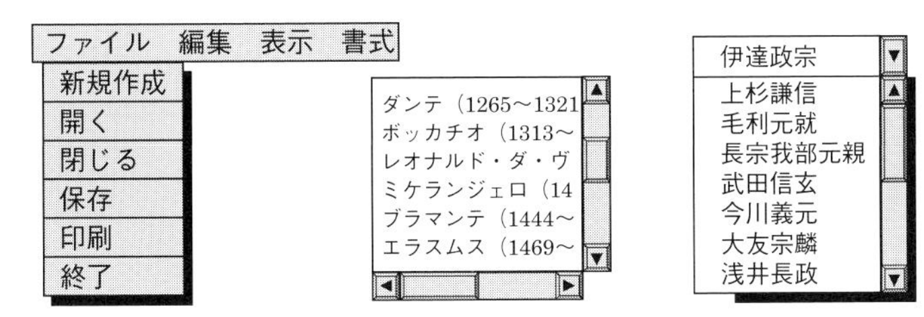

（d）メニューバーとプルダウンメニュー　（e）リストボックスとスクロールバー　（f）プルダウンリスト

図 6.7　よく使われる GUI 部品（ウィジェット）

そのほかにも GUI では，レイアウトのための土台となる部品や，色の選択のダイアログ，プリンタを設定するためのダイアログ，木構造を表示するための部品など，さまざまな部品が用意されている．GUI のプログラミングでは，これらを組み合わせることで，一貫性のあるユーザインタフェースを提供することが推奨される．

なお，個々の GUI 部品の紹介および細かなインタラクションの工夫については，数が多く本書では扱いきれないので，巻末の参考文献 1）などを参考にしてほしい．

3. GUI の要素技術

GUI の発明と発展は，様々な新しい概念や機能を提起することとなったが，それらの中でも特に重要なものを解説する．

(a) アフォーダンスとメタファの活用

アフォーダンス[2)]とは，ある物が人間にある行動を提供する（afford）ような形状をしていることを意味し，さらにユーザインタフェースやプロダクトデザインでは，それが人間に知覚されやすく行動を促すことを意味する．なお，後者の用法は心理学における本来の意味とは若干異なるので，近年では，ユーザの行動を促すものについては「知覚されたアフォーダンス」，さらにそのようにデザインされたものについてはシグニファイアと呼ぶことが提唱されている[2)]（詳細については，第3章3.3節2項を参照）.

GUIにおける実際の例を挙げると，ユーザが押すことができる部分は凸ボタンに見えるように，ドラッグすることができる箇所は把手やグリップのように，無効なメニュー項目は字を薄くして無効とわかるようにするなど，視覚的にユーザの適切な操作を促すようにデザインされている．これは，未経験のユーザでも自然にコンピュータの操作ができるようにするための重要な配慮である.

そして，このアフォーダンス（シグニファイア）を実現する手段として用いられてきたのが，デスクトップメタファに代表される現実の世界からのメタファである．さらに，近年ではグラフィックス技術の向上によって，メタファによるデザインで木材や金属などの実物に近い外観を与えることも可能になっている．このように，ある物をほかの物質そっくりな見た目にデザインすることは，**スキューモーフィズム**と呼ばれる.

スキューモーフィズム：skeuomorphism

(b) 可視性とWYSIWYG

可視性：visibility

可視性は，視覚的なユーザインタフェースの最大の利点である．GUI以前は，ユーザは自分の操作によって変化するコンピュータ内部状態を正しく把握している必要があった．GUIは，コンピュータのもつ情報の変化を即時に可視化することによって，ユーザの状況理解を飛躍的に容易にした.

さらに，GUIは情報だけでなく，それに対する操作の選択肢もボタンなどの形で直感的に可視化する．これは，「**見て指す**」という操作を可能にし，ユーザの記憶負担を大幅に減らした．人間にとっては，コマンド文字列を正確に思い出す記憶の再生よりも，提示された選択肢から選ぶ記憶の再認のほうが格段に容易だからである.

見て指す：see-and-point

WYSIWYG：what you see is what you get

WYSIWYGも可視性に関連する発明といえる．これは，ワードプロセッサなどで文書を作成したとき，画面上で見えているままの結果が印刷物として得られるという概念である．これは可視性の観点から捉えると，操作の結果として得られる印刷物と同じように，結果が常に画面上に可視化されていると考えることができる.

このWYSIWYGの考え方を発展させ，一般的な情報の編集操作に適用したといえるのが，画像などに編集操作を行った場合に予想されるさまざまな結果の一覧を表示するメニューである．これは，ユーザが写真などを編集したい場合に，複数の結果を見比べながら適切な操作を選択できるインタフェースなどに採用されている．

(c) 直接操作

直接操作：direct manipulation

＊第3章3.5節2項参照.

GUIでは，画面に表示されたオブジェクトを，ポインティングデバイスを使って直接触るように操作することで，コンピュータが保持する情報を操作できる．これを**直接操作**＊3)という（図6.8）．直接操作の結果は，そのオブジェクトの視覚的な変化として，直ちに視覚的にユーザにフィードバックされるので，ユーザはすぐに操作結果を確認することができ，確かに操作しているという安心感を得ることができる．

例えば，文書ファイルのアイコンを，マウスを用いてダブルクリック（あるいは画面上を指でタップ）すると，それを開いて編集することができ，別のフォルダまで引きずるように**ドラッグ＆ドロップ**するとコピーすることができる．これに対して，コマンド言語による操作は文法を覚えなければならないだけでなく，操作に関する視覚的なフィードバックが得られないので誤操作に気づきにくいという問題があった．

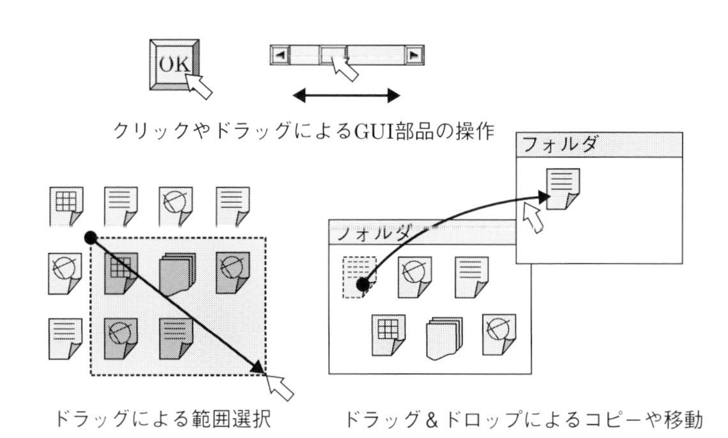

図6.8　マウスによる直接操作の例

さらに，表示されたオブジェクトを直接操作するというインタラクションモデルは，入力操作における**モード**の排除または削減に寄与する．モードとは，同じ入力操作に対して異なる結果が得られるシステムの状態である．ポインティングデバイスによる直接操作は，操作の対象や領域を視覚的に分離し，ユーザが操作の文脈を区別できるようにするので，文脈に依存するモードの必要性が減少する．また，モードをもつ場合でも，現在どのモードであるか画面に表示すれば，ユーザはそれを常に記憶している必要がなくなる．

(d) ユーザ主導性と可逆性

可視性と直接操作を実現したGUIの登場により，それ以前と比べユーザ主導のインタラクションが実現することとなった．ユーザは，画面を見ればその時点での操作の選択肢がわかり，操作に迷った場合でも選択肢の中から試行錯誤することができるので，主体的な操作感を得ることができる．

ソフトウェアの構造面から見ても，GUIのプログラムはユーザの自由度が高く，画面上のオブジェクトがどのような順序で操作されても正しく対処する必要がある．もはや，システム側から順に入力データを要求し，ユーザの操作手順を一方通行に制限するソフトウェアは歓迎されなくなったのである．

さらに，GUIの利点として，**ゴミ箱**のアイコンが象徴する操作の**可逆性**がある．システムは，ユーザが行ったどんな操作でも，取消して元に戻す（**アンドゥ**）ことができることが望ましい（逆操作の提供）．ゴミ箱に入れる操作によって削除されたファイルは，ゴミ箱から取り出して元に戻すことができる．このようにいつでもやり直せることによって，ユーザは怖がらずに操作を続けて習熟することができる．

可逆性：reversibility

アンドゥ：undo

画面上でアイコンなどを探して操作するGUIの操作方法は，頻繁に行う操作に関しては毎回手間がかかるという問題がある．そこで，主に熟練ユーザの高速な操作への要望に対応したショートカットやナビゲーションが用意される．

キーボードショートカットは，アイコンやメニューを選択しなくても特別なキーと組み合わせて押すことで，よく使う操作を直接指定できる仕組みである．論理的および空間的**ナビゲーション**は，

ショートカット：shortcut 近道の意．

ナビゲーション：navigation

ユーザが選択肢やフォームの項目の間を，Tab キーで順番に移動し，矢印キーで上下左右に移動できるようにしたものである．

4. GUI のソフトウェア構造

(a) GUI のプログラミングモデル

ソフトウェアの構造面から見ると，GUI のソフトウェアはユーザの自由度が高く，画面上のオブジェクトがどのような順序で操作されても正しく対処する必要がある．これは，コマンドラインのソフトウェアのようにシステム側から順に入力データを要求し，ユーザの操作手順を一方通行に制限する構造では実現できない．

イベント駆動：event-driven

GUI のようなソフトウェアの動作は**イベント駆動**型と呼ばれ，開発にはそれに合わせたプログラミングモデルが用いられる．GUI では処理順序の主導権はユーザにあるので，プログラミングではユーザがボタンをクリックするなどの**イベント**（**事象**）ごとに対応する処理を登録しておく形になる．

イベント：event

イベントループ：event loop

一般的に GUI システムでは，プログラムは初期化が終了すると**イベントループ**と呼ばれる無限ループに入る．ソフトウェアは，システムから各ウィンドウに配送されるイベントを待ち，イベントの種類に応じて適切な処理を駆動することを繰り返す．このような内部構造に適したプログラミングモデルが，実際にソフトウェア開発者がイベントループを記述する方法か，あるいはシステムが用意したイベントループから呼び出される**イベントハンドラ**を記述する方法である．

イベントハンドラ：event handler

イベントハンドラを記述するのに適した方法として，GUI プログラミングでは Alto の Smalltalk 以来オブジェクト指向技術が用いられることが多い．**オブジェクト指向**を使うと，オブジェクトどうしがメッセージを送受信するというモデルでソフトウェアを設計できるので，イベントに対する処理を整理して記述できる．また，ウィンドウシステムでは，図 6.9 に示すようにすべての GUI 部品は，単なる矩形領域の定義から始めて，順次機能を加えて特殊化していく形で作成されており，継承機能をもつオブジェクト指向言語と親和性が高い．

オブジェクト指向：object-oriented
オブジェクト指向は，現実世界のものをモデル化するように，データの集合とそれに関する手続きをオブジェクトという1つのまとまりとして扱い，それを組み合わせてシステムを設計する考え方を指す．

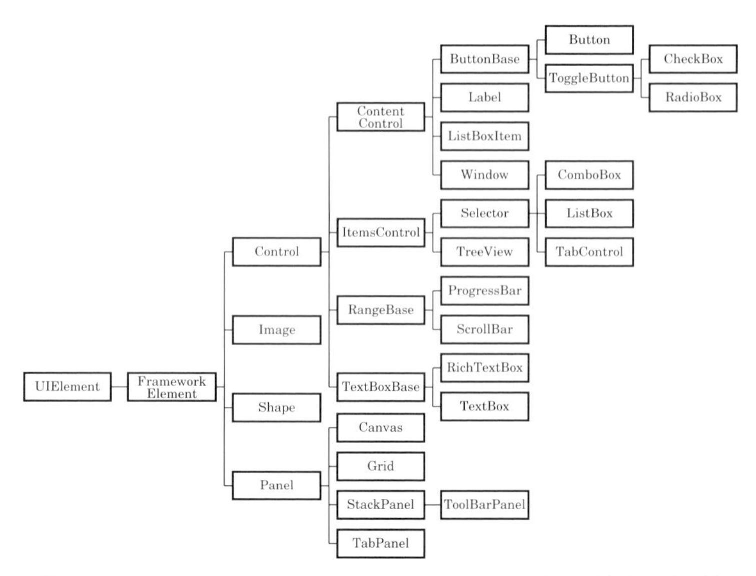

図6.9　Microsoft WPFにおけるGUI部品のクラス継承関係（一部抜粋）

(b) GUIプログラミング支援ツール

ユーザインタフェースビルダー：user interface builder

GUIのプログラム開発では，**ユーザインタフェースビルダー**などと呼ばれる図6.10で示したようなGUI構築ツールが利用できることがある．これは，GUIによって画面上にGUI部品を配置し，必要なイベント処理コードを書き加えると，ユーザインタフェース部分の定型的なソースコードを自動生成できるソフトウェアである．

ユーザインタフェース記述言語：user interface description language

XAML：extensible application markup language Microsoft社が開発した．

また，GUI部品のレイアウトなどの画面設計に，一般的なプログラム言語とは異なる**ユーザインタフェース記述言語**を用いる方法もある．近年では，内部的にはWeb技術を用いて実装されたデスクトップアプリケーションやスマートフォンアプリケーションも多いが，それらはユーザインタフェース記述言語として，HTMLとCSSが用いられている．HTML以外にも**XAML**などのユーザインタフェース記述言語が開発され利用されている．このような方法は画面構成を宣言的な文法で記述でき，プログラムの外見のデザインを内部処理からほぼ完全に分離することができる．

現代ではソフトウェアのビジュアルデザインは専門のデザイナーの仕事になっている場合が多い．ユーザインタフェースの外見を分

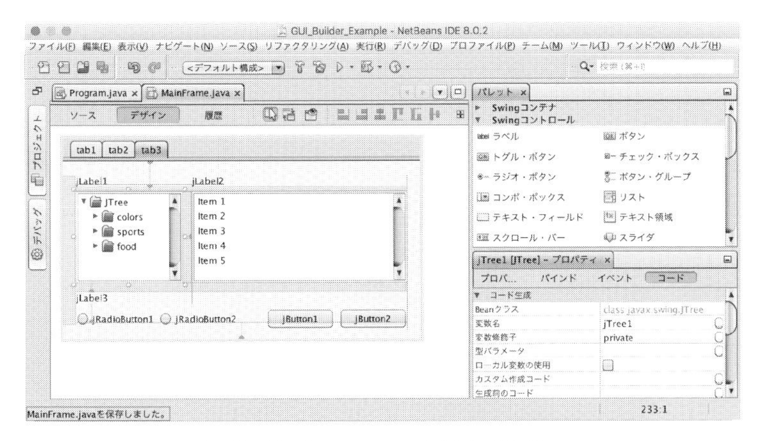

図 6.10　NetBeans の GUI ビルダー

離してデザインできるようにすることによって，ビジュアルデザインをほぼデザイナーだけで分担することも可能となる．これらの技術は，ソフトウェアの内部処理が完成する前に外枠部分をつくり，早めに使い勝手を評価して製品の開発過程にフィードバックするプロトタイピングにも利用可能である．

6.3　GUI の新しいパラダイム

伝統的なウィンドウシステムの枠に当てはまらない新しい GUI として，近年目にすることが多いユーザインタフェースを紹介する．

1. インタラクティブサーフェス

マルチウィンドウシステムは，長らく GUI の主流であったが，2007 年の Apple 社の iPhone 発売を端緒として急速に普及したのが，スマートフォンやタブレット端末*1，インタラクティブホワイトボード*2 などの多点入力型のタッチスクリーンのための GUI である．これらのデバイスはマルチタッチジェスチャ*3 による操作を特徴とし，表示画面が入出力デバイスを兼ねるため，より直接的で双方向的なインタラクションが可能である．そこで，これらのデバイ

*1　第5章5.4節の図5.14を参照.

*2　第5章5.3節2項 (b) および図5.6を参照.

*3　第5章5.3節3項，5項を参照.

インタラクティブサーフェス：interactive surface

スのユーザインタフェースとして，**インタラクティブサーフェス**という概念が提唱されている．特に，一般的なスマートフォンのGUIはWIMPインタフェースと対照的で，オーバーラッピングウィンドウを用いず，タッチ操作のためポインタは表示されない．

インタラクティブサーフェスでは，指による操作はマウスやペンに比べて精度が高くないので，細かいGUI部品の使用は避けられる傾向がある．メニューもポップアップ表示やプルダウン表示の代わりに，ほぼ全画面のメニューに切り換わる．Apple iOSやiPadOS，Google Androidのホーム画面では，タッチによる選択を容易にするため，全画面に大きめのアプリのアイコンが格子状に配置される．Microsoft Windows 8から10までのタブレットモードでは，矩形のタイルを敷き詰めるメニュー形式が採用された．

また，インタラクティブサーフェスでは，マルチタッチジェスチャが多用される．例えば，画像等の拡大は，表示部分を2本の指でスプレッド（ピンチアウト）するジェスチャによって行う．スクロールは，表示部分を上下にフリックすることで行う．いずれもウィンドウの枠やスクロールバーというGUI部品を用いるマウスによる直接操作よりさらに直接的な操作といえる．

2. Webアプリケーション

Webアプリケーション：Web application

HTML：hypertext markup language

ハイパーテキスト：hypertext
文書内の語句から他の文書への参照関係を示すリンク情報を保持することができる電子的な文書．

近年，インターネット技術の発展に伴って，Webブラウザを表示クライアントとする**Webアプリケーション**の普及が著しい．Webアプリケーションでは，**HTML**とJavaScriptを利用して，Webページ内にGUIが構築される．

Webアプリケーションでは，文字を主体としたハイパーテキストの形式を基本としてインタフェースが構成される．表示の構成は上下のスクロールを前提とした縦長構造のものが多く，原則としてマルチウィンドウを用いない．ユーザのクリック操作によってページが切り替わる方式が一般的で，動的に表示が変化するものは少ない．

表示されるコンテンツは，雑誌の記事のように写真や図表を多く含むことが多いが，通常のGUIに比べてアイコンは多用せず，選択項目は文字列で表す傾向がある．操作方法は，シングルクリックによる項目操作と，空欄へのテキストの入力が基本であり，ダブルクリックやドラッグが利用されることは少ない．

Web アプリケーションは，スマートフォンからデスクトップ PC まで多様なデバイスにおける表示に対応するために，画面の大きさや解像度に対して適応的に表示形式が変化することが望ましい．これを**レスポンシブ Web デザイン**という．

3．ビデオゲームのインタフェース

ビデオゲームはコンピュータの応用分野として非常にポピュラーになっており，特に子供でも直感的に操作できるようにユーザインタフェースが改良されてきた．

ビデオゲームのユーザインタフェースにおける大きな特徴として，画面表示では，画面構成はあまり変化せずにアイコンなどの画像を用いた一覧性の高いインタフェースが好まれ，入力操作では，ジョイスティックや十字キーなど汎用性がなくても単純で高速な入力デバイスが好まれる．そのため，スクロールが必要なほど長い文章の表示や，手間がかかる文字列や数値の入力操作は，なるべく避けられている．

多くのビデオゲームは，初心者のプレイヤーでも直感的で容易に操作できるように配慮されているが，一方でプレイヤーがゲームをプレイし続けて習熟していくと便利に利用できるようになる表示内容や操作方法も提供されている．これを実現するために，「落下」や「爆発」など，現実世界の現象のメタファが多く利用されている．

演習問題

問1　光の三原色と α チャンネルにそれぞれ 8 ビット（=1 バイト）を割り当てると，4K 表示（3 840×2 160 ピクセル）には何バイトのフレームバッファが必要か計算せよ．

問2　ロールプレイングゲーム（RPG）のようなビデオゲームにおける主人公とモンスターの戦闘シーンを下記の 3 種類の方法で実現するユーザインタフェースの画面例をそれぞれ図示せよ．

- コマンドラインインタフェース：コマンド言語の文字列をキーボードから入力する
- メニュー選択インタフェース：縦や横に並んだ選択肢からマウスなどで選択する
- 直接操作インタフェース：アイコンや GUI 部品を直接クリックやドラッグする

パイメニュー：pie menu

問3　図 6.11 は，円盤型のメニューの中に扇型の項目が並んでいる**パイメニュー**[4)]と呼ばれる GUI 部品である．機能的には通常のメニューとまったく変わらない．この長所および短所について考察せよ．

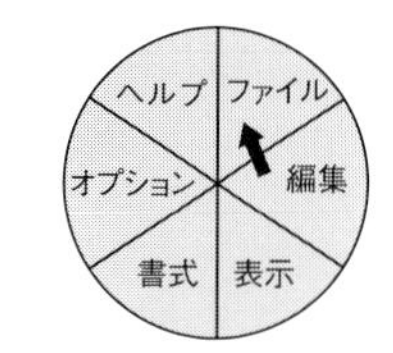

図 6.11　パイメニュー

ゲーミフィケーション：gamification

問4　事務用や学習用のソフトウェアに，ビデオゲームで用いられるようなビジュアルな演出を加えてみたらどうなるか検討してみよ．さらに，直感的なわかりやすさと業務や学習の効率性についても考察してみよ．このように，ゲームの要素をそれ以外のソフトウェアに加えることを**ゲーミフィケーション**という．

問5　任意のプログラミング言語を用いて，ユーザがボタンを押すと乱数によっておみくじの結果（「大吉」や「凶」など）を表示する GUI のプログラムを作成せよ．

第7章 ビジュアルデザインとビジュアライゼーション

GUI などのビジュアルなユーザインタフェースを実現するためには，ユーザとのインタラクションを想定して画面をデザインし，コンピュータからの情報を可視化する仕組みが重要である．本章では，GUI のデザインや情報の可視化手法について学ぶ．

7.1 ビジュアルインタフェースのデザイン

1．GUI のデザインプロセス

GUI のデザインについての基本的な手順を説明する．さらに詳しくは，ギャレットが提唱した Web サイトの UX デザインの5段階モデル（図 7.1）[1]も参考にするとよい．

ギャレット：J. J. Garrett

(a) 情報アーキテクチャの設計

優れた GUI を開発するためには，見た目のデザインを行う前に，まず対象となるユーザをペルソナ・シナリオ法*などを利用して具体的に想定して分析し，要件や仕様を明確化したうえでプログラムの機能やコンテンツの構造をよく整理することが望ましい．ここで構造的にわかりづらいデザインをしてしまうと，外見が美しくても使いづらいソフトウェアができてしまう．

*第4章 4.6 節 2 項（b）参照.

情報アーキテクチャ：information architecture（IA）

情報アーキテクチャは，情報の構成や構造であり，さらにはそれ

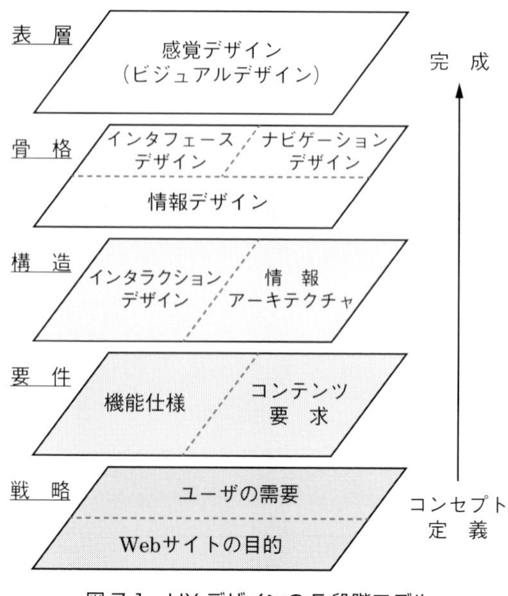

図 7.1　UX デザインの５段階モデル
（文献 1）の図をもとに構成）

らをユーザにわかりやすいように設計する分野を示す．一般的に**情報の組織化**には，①グループ化，②階層化，③順序化の手順を適用する．例えば，ファイルを整理する場合は，それらをジャンルなどでフォルダに分類して階層化し，その中で名前や時間で整列すると扱いやすくなる．

次に，情報や機能の階層に対応するように，ユーザの操作の階層をデザインする．各操作は使用頻度が高いものほどアクセスしやすいことが望ましい．情報にたどり着くまでの選択構造のデザインは，**ナビゲーションデザイン**と呼ばれる（図 7.2）．

(b)　画面構成と操作のデザイン

ソフトウェアの要件と構造が決まったら，画面サイズなどの実行デバイスの特性を考慮して，画面構成の概略をデザインする（図 7.3）．小さい画面では入出力の情報量が制限されるので，この段階から画面遷移も考慮する必要が出てくる．そして，ソフトウェアの実行環境のガイドラインを参考にしながら，入出力に適切なGUIの

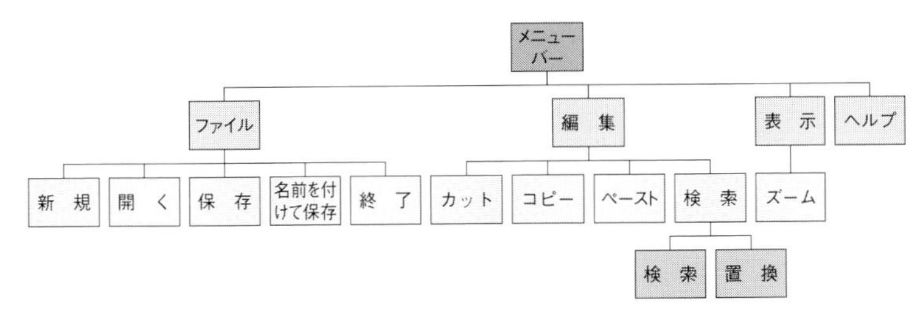

図 7.2 メニューの構造の例

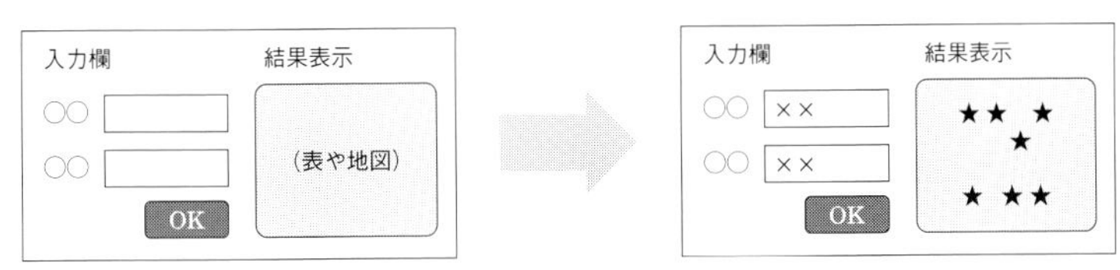

(a) 画面構成が変わらない大画面向けのGUIデザイン

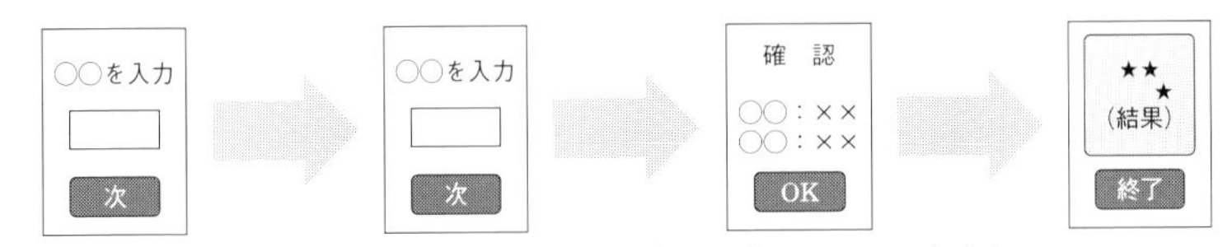

(b) 表示内容が移り変わる小画面向けのGUIデザイン

図 7.3 実行デバイスの特性に適した GUI デザインの選択

＊1 第3章3.2節2項の図3.3参照

＊2 映像制作で用いられる「絵コンテ」を意味する.

要素を選定する．その際，**ゲシュタルトの法則**[*1] などの人間の視覚認知を念頭において，関連する GUI 要素をグループ化し，必要ならば階層的な構造を採用する．

次に，ユーザの操作の流れを想定し，画面の遷移をスケッチするなどしてユーザとソフトウェアのインタラクションをデザインする．ユーザの操作による画面の変化を表す図は，**画面遷移図**や**ストーリーボード**[*2] と呼ばれる．この段階で GUI プロトタイピングツールや図形描画ソフトウェアを用いてソフトウェアの外見部分のプロトタイプを制作し，実際のユーザに使い勝手を評価してもらって開発過程にフィードバックすると効果的である．

(c) ビジュアルデザイン

ソフトウェアの見た目をデザインするビジュアルデザインは，出版物の紙面のデザインやグラフィックデザインと共通する分野であり，近年では美術系のデザイナーが担当する場合も多い．GUIデザインでも紙面のデザインなどと同様に，色彩の効果，視線の誘導，**タイポグラフィ***1，視覚的な統一感などに配慮することが必要である．

＊1　書体の選択，文字の配置，行間の調整などを指す．

ビジュアルデザインにおける基本事項としては，画面上のオブジェクトの外観に統一感をもたせることと，それらの上下左右の端や中央の位置（アライメント）をそろえて整然とバランスよくレイアウトすることがある．GUIシステムには，このような自動的な位置合わせを支援する機能が備わっていることが多い．

2. GUIデザインの支援技術

(a) GUIデザインのガイドライン

ソフトウェアの実行環境（OS）を提供しているMicrosoft社[2]，Apple社[3]，Google社[4]などの企業は，GUIを含むソフトウェアのインタラクションデザインについて，公式の**デザインガイドライン**を公表し，アイコンやGUI部品などの構成要素を集めた**デザインシステム**を提供している．ソフトウェアの開発者は，ユーザに無用な混乱をもたらさないためにも，原則としてそれが動作するプラットフォームのガイドラインに従うことが求められる．

また，細かいインタラクションデザインにはさまざまな知見や指針がある[5),6),7),8)]．例えば，GUIにおけるオブジェクトの操作は，操作対象を選択してから操作方法を選択する**名詞-動詞形式**が好ましいとされる．このほうが，逆の手順よりもユーザの注意の流れが滑らかで，操作のキャンセルもしやすいからである．

(b) GUIプロトタイピングツール

現代ではソフトウェアやWebサイトのビジュアルデザインは美術系のデザイナーの仕事になっている場合も多い．そこで，プログラミングの知識がなくても，デザイナーが直感的にGUIなどをデザインすることができるGUI用の**プロトタイピングツール***2が利用されている．その操作方法は，図形描画ソフトウェアやプレゼンテーションソフトウェアに類似しており，GUIの外観のデザインに特化した機能を備える．

＊2　Figma，Adobe XDなどがある．

このようなプロトタイピングツールには，静的な外観だけでなく，アニメーションや画面の遷移を例示する機能も備わっている．デザイナーはプログラミングを行わなくても画面例をGUI操作でリンクさせるような操作で，ユーザの操作に応じたソフトウェアの動作をデザインし，ユーザの操作に対する実行例を示すことができる．

(c) コンテンツ重視のデザイン

近年では，文書や動画などのコンテンツを表示させて閲覧することが，情報機器の最も重要な役割になってきた．このような状況のなかで，スキューモーフィズム*からの脱却といわれるデザイン思想を支持する流れがある．

＊第6章6.2節3項（a）参照．

それは，コンテンツの表示を優先するために，メタファとアフォーダンス（シグニファイア）のための装飾的で立体的な表示を最小限に抑え，印刷のように平坦な外観をもつので，**フラットデザイン**と総称されることが多い（図7.4）[9]．この方式には，描画処理やネットワーク通信の負荷が低減されるという効果もある．

しかしながら，ボタンなどの外観が完全に平坦では，ユーザの操作における直感性を損なう．そこで，立体感に頼らない方法でシグニファイアを示す工夫がされている．

(d) アクセシビリティとユニバーサルデザイン

現代では，障がい者や高齢者などを含む多様なユーザが利用可能なユーザインタフェースをデザインすることが望ましい．そのようなユーザに配慮した機能を備えることを**アクセシビリティ**といい，多様なユーザに共通のデザインを提供することを**ユニバーサルデザイン**と呼ぶ．GUIにおいては，色覚多様性に配慮した配色，文字などの拡大機能，音声入力と組み合わせた操作方法などが提供されることが望ましい．

アクセシビリティ：accesibility

ユニバーサルデザイン：universal design

Windows XP クラシックモードの電卓　　Windows 11の電卓

図7.4　従来のデザインとフラットデザインの比較

7.2　ビジュアライゼーションのデザイン

1. ビジュアライゼーションの役割

ビジュアライゼーション：visualization

インフォグラフィックス：infographics

ビジュアライゼーションは，**可視化**，視覚化あるいは「見える化」と訳され，情報の視覚的な表現を示す．古くから紙上のグラフ，地図，図解（**インフォグラフィックス**）などが活用されてきたが[10), 11)]，コンピュータの利用が進んでからは，膨大な科学的データや統計的データを用いたさまざまな可視化手法が開発されている．

可視化の目的は状況によって，以下に挙げるようなものが考えられる．

① データの特徴を一目で提示する．
② 既知の情報を整理して伝える（説明のための可視化）．
③ 未知の情報の探索・発見を促す（分析のための可視化）．
④ アート作品として楽しむ．

アンスコム：F. J. Anscombe

アンスコムの例：Anscombe's quartet

この中で，特に①については，**アンスコムの例**[12)]（図 7.5）が有名で

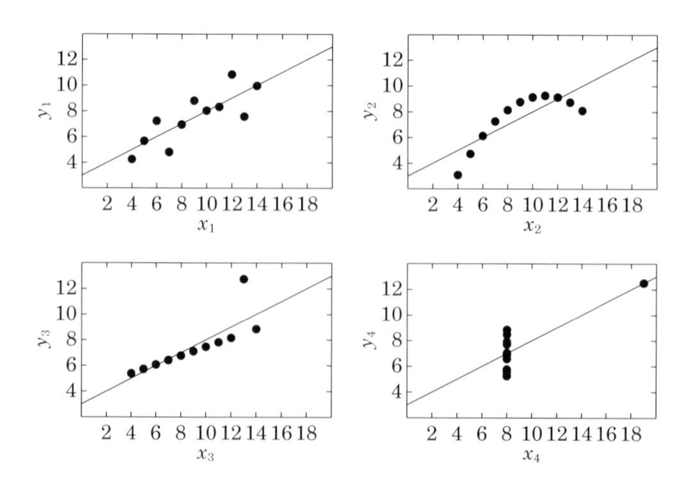

この4つのデータは，グラフでは違いが一目瞭然だが，基本的な統計量（xおよびyの平均，xおよびyの分散，xとyの相関係数，回帰直線）は，すべて一致またはほぼ一致する

図 7.5　アンスコムの例（Anscombe's quartet）

散布図：scatter plot

ある．これらのデータセットは，**散布図**で可視化すると一目で違いがわかるが，平均，分散，相関係数，回帰直線は一致またはほぼ一致する．このように，人間のパターン認識能力は優れているので，まず可視化でデータの概要を把握することが望ましい．

2．可視化の構成要素

図素（マーク）：graphical element, mark 基本図形，視覚要素（visual element）などとも呼ばれる．

可視化（あるいは図）は，プロット点，折れ線，地図記号など，その上に置かれた**図素**（マーク）の集合である．さらに，座標軸などによって定められる表示空間での位置と，接触や階層など図素どうしの配置関係も基本的な構成要素である．

(a) 図素と視覚変数

視覚変数（視覚属性）：visual variables, visual attributes, visual channels, graphic property などと呼ばれる．

図素は，色や形などの**視覚変数**（**視覚属性**）をもっており（図7.6），データをそれに対応した視覚変数に符号化することで情報を可視化する[13),14),15),16)]．

これらの視覚変数は，それぞれの特徴に応じて，種類の区別，順序的比較，差や比の量的比較を表す能力があり，さらに人間がそれをどの程度正確に知覚できるかにも優劣がある．例えば，長さと面積はともに量的比較が可能な視覚変数であるが，人間の視覚では，長さのほうがはるかに正確に量を比較することができる．

＊第3章3.2節2項の図3.2参照．

また，人間の視覚は**前注意過程**＊において，異質な視覚変数をも

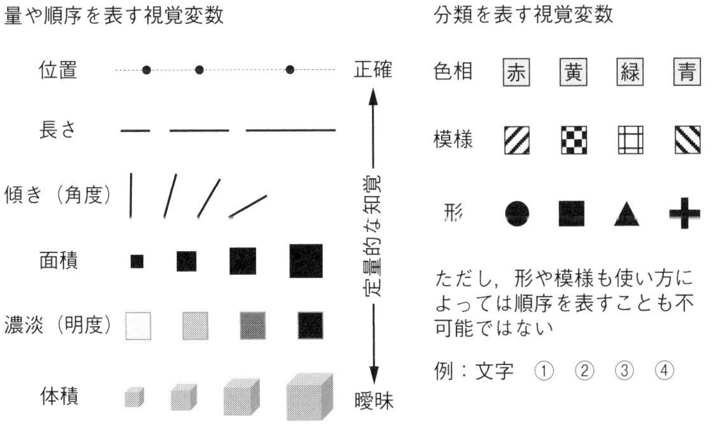

量や順序を表す視覚変数
位置
長さ
傾き（角度）
面積
濃淡（明度）
体積
正確
定量的な知覚
曖昧

分類を表す視覚変数
色相　赤　黄　緑　青
模様
形
ただし，形や模様も使い方によっては順序を表すことも不可能ではない
例：文字　①　②　③　④

図7.6　代表的な視覚変数と知覚の正確性

つ図素があればたちどころにそれを発見することができる．この現象は視覚的ポップアウトともいい，データを可視化することの大きな利点の一つである．

(b) 表示空間（座標軸）

視覚変数の一つである「位置」を数値データの可視化に用いると座標軸が規定され，複数の座標軸があれば座標空間が形成される．座標系としては，通常の直交線形座標系のほかにも，対数座標系や極座標系が用いられることもある．また，球面から平面への地図投影図法のようなゆがんだ座標系を利用することもできる．

(c) 配置関係

２つ以上の図素の配置関係には以下のようなものがある[10)]．人間は**ゲシュタルトの法則***などによって，配置関係によって図素どうしを関連付けて意味を読み取る．

＊第３章 3.2 節３項の図 3.3 参照．

- 一列並び：順序，時間経過
- 対称配置：対比
- 枝分れ型：分岐，系統
- 交差接触：関係，相互作用
- 円環型：巡回
- 階層型：階層
- 包含型：従属
- 連結線：関係，説明

配置関係は，特に組織図など木構造やグラフ構造のデータを描画するときによく用いられる．**ベン図**のように領域の重なり（交差）に意味をもたせる図もある．

ベン図：
Venn diagram

3. ビジュアライゼーションのデザイン

可視化のデザインについて重要なトピックを挙げて説明する．

(a) 正確性とデザイン性

情報の可視化では，制作者の主観よりも情報を正確に伝える客観性が優先されるべきである．そのために，視覚変数や配置関係を適切に用いる．例えば，数量を定量的に比較する可視化では，色の濃淡よりも線の長さを使うべきであり，さらに線の長さよりも座標上のプロットのほうが適している．統計学では，**データの尺度**は，名義尺度，順序尺度，間隔尺度，比率尺度に分類されるが，これは図素の表現能力にも対応するので，データの尺度を適切に表現できる視覚変数を割り当てるようにする．

このような点への配慮を怠り，デザイン性やメッセージ性を優先

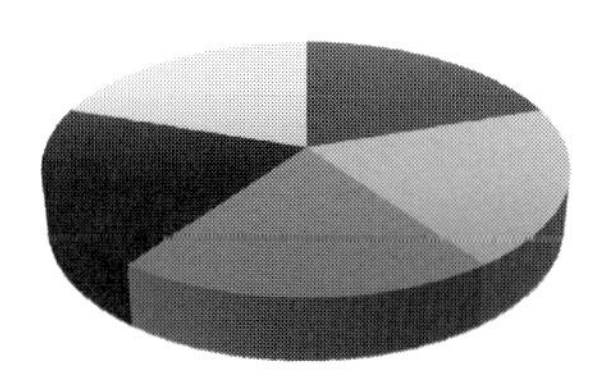
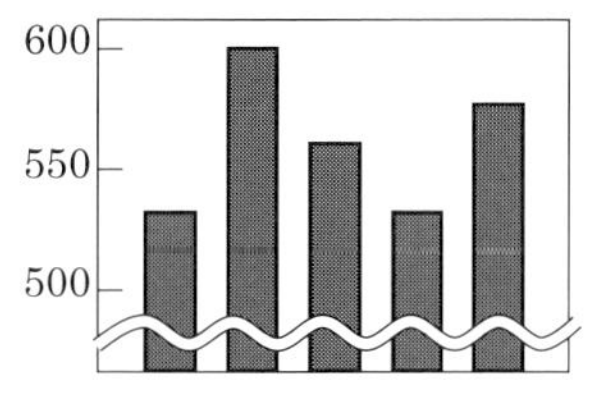

3D円グラフ

手前の領域の面積が大きく角度も広くなる
(この例のデータはすべて20%である)

省略のある棒グラフ

棒グラフの利点である
長さの比較ができない

図 7.7 誤解を生じやすい視覚変数の使用例

させると，データの正確な解釈を妨げる可視化ができてしまう[17]（図 7.7）．その例として，**3D 円グラフ**は特に問題が大きく，手前のデータの面積が大きく表示されてしまうので使用するべきでない．また，棒グラフで縦軸の起点が 0 でないものや省略部分があるものも，棒の長さが量に比例しないので視覚変数の不適切な使用例といえる．

(b) データ・インク比

タフティ：E. Tufte

データ・インク比：data-ink ratio

可視化研究で著名なタフティは，**データ・インク比**[18]という指標を提唱している．これは，グラフ（可視化）の印刷に使う全インク量のうち，実際にデータそのものを表しているインク量の割合として定義され，次の式で示される．

$$\text{データ・インク比} = \frac{\text{データインク量}}{\text{グラフの印刷に使う全インク量}} \quad (7 \cdot 1)$$

そして，この比が 1 に近いほうがグラフに無駄なもの（チャートジャンク）が少ないことを意味し，好ましいグラフであるとする．これをコンピュータ画面の可視化に適用する場合は，ピクセル数の比を考えればよい．

(c) アニメーションとインタラクション

紙に印刷された図とは異なり，コンピュータのグラフィックスには動きを与えることができる．そのようなアニメーション技術を用いれば，静的な図では表しきれない新たな表現を与えることができる．特に有効な適用対象は，時間的に変化するデータの表示や，滑らかに変化する拡大縮小の表示などである．

さらに，コンピュータの視覚表現が紙に印刷された図とは異なるもう一つの大きな特徴は，直接操作インタフェースによって種々のインタラクティブな操作が可能だということである．マウスやタッチによるインタラクティブな操作とアニメーションの組合せによって，直感的なデータ分析を支援する可視化が開発されている．

7.3　ビジュアライゼーション技術

1．データ構造と情報可視化技術

情報可視化：information visualization

データ可視化：data visualization

情報可視化あるいは**データ可視化**という分野では，以下に挙げるような情報の構造に応じて，それぞれに適した可視化の手法が提案されている[13),15),16),19)]．

① 1次元データ：順序，ランキング，テキストデータなど
② 2次元データ：統計グラフ，地図，画像，線図など
③ 多次元データ：科学データ，シミュレーションデータなど
④ 時系列データ：計測データ，音声，スケジュールなど
⑤ 表形式データ：各種の表，関係表，対戦表など
⑥ 木構造データ：組織図，分類図，ファイルシステムなど
⑦ グラフ構造データ：ソーシャルネットワーク，路線図，人物相関図など

以下に，情報可視化における可視化手法をいくつか紹介する．このほかにも多くの可視化技術が提案されているので，巻末の参考文献13)，15)，16)，19) も活用してほしい．

(a) 2次元以下のデータの可視化

2次元以下や表形式など単純な構造とみなせるデータでも，その量が膨大になれば画面にうまく表示することができなくなる．このような場合には，2次元平面をマス目に区切って各領域の数値を色で表す**ヒートマップ**や，さらに各データの表示を最小でピクセルサイズにまで縮小する方法によって，大量の情報を一覧可能にする．

ヒートマップ：heat map

表計算ソフトウェアのように縦横にセルが並んだ大量の情報を可視化する手法に **Table Lens**（**テーブルレンズ**）[20)]（図7.8）がある．

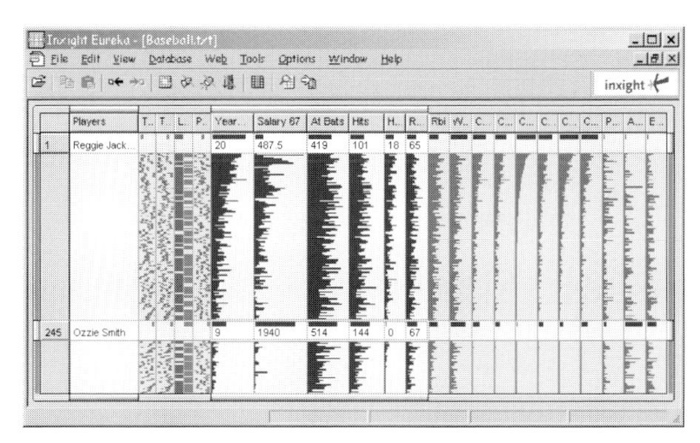

図 7.8（口絵 5）　Table Lens（製品名 Inxight Eureka）
（Courtesy of Xerox Corp. and Inxight Software, Inc.（当時））

これは何百行もある表データにおいて，各セルを棒グラフにして表示サイズを圧縮する可視化である．ユーザは注目する行や検索条件に合う行をフィルタリングし，その行だけを通常の表示に戻すことができる．

(b) 多次元データの可視化

グリフ：glyph

3 次元以上の多次元データの場合，気象データなどを対象とする科学的可視化では，ベクトルを表す矢印などの**グリフ**を用いてデータをプロットする手法がある．

バブルチャート：bubble chart

散布図行列：scatter plot matrix

平行座標：parallel coordinate

散布図を多次元データに拡張した方法としては，プロット点に大きさや色を加える**バブルチャート**（図 7.9）や，2 変数の散布図を並べる**散布図行列**がある．

また，図 7.10 のように，座標軸を平行に並べ，個々のデータをそれらをつなぐ折れ線で表すものを**平行座標**[21]という．ただし，この手法はデータ数が多い場合に視認性が悪いので，検索やフィルタリングなどの操作と組み合わせて使う．

(c) 時系列データの可視化

ストリームグラフ：streamgraph

時間的に変化する量の可視化は，折れ線グラフが一般的であるが，図 7.11 に示した**ストリームグラフ**[22]は，積上げ型の面グラフを中心軸の上下に広がるようにレイアウトしたものであり，出現・消失する多数のデータの時間変化を可視化するのに有効である．

3次元グラフィックスを利用した **Perspective Wall**（パースペク

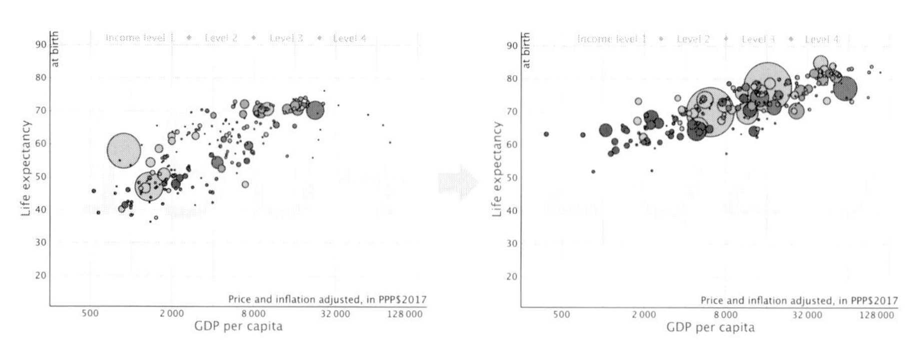

図 7.9（口絵 6）　アニメーション付きバブルチャート（5 次元のデータを可視化，x 軸：1 人当たり GDP，y 軸：平均寿命，円の面積：人口，円の濃淡：大陸，アニメーション：年）
（Free material from www.gapminder.org）

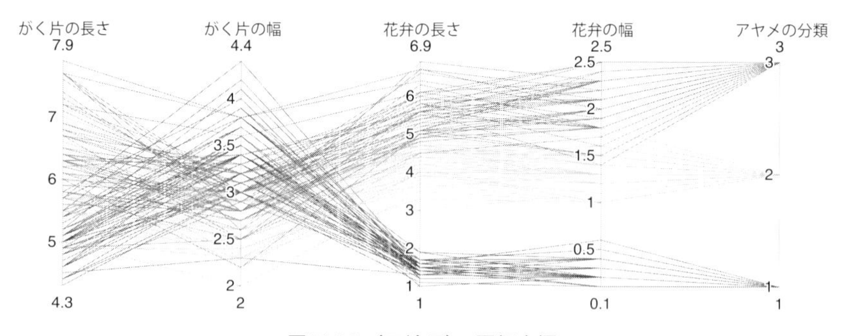

図 7.10（口絵 7）　平行座標
（Plotly（plotly.com）でサンプルをもとに作成）

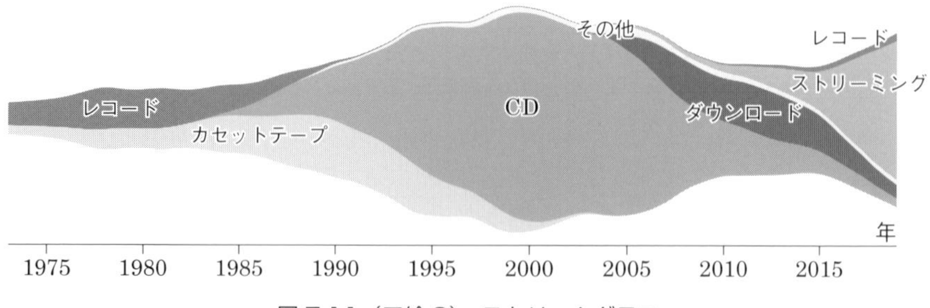

図 7.11（口絵 8）　ストリームグラフ
（RAW（www.rawgraphs.io）でサンプルをもとに作成）

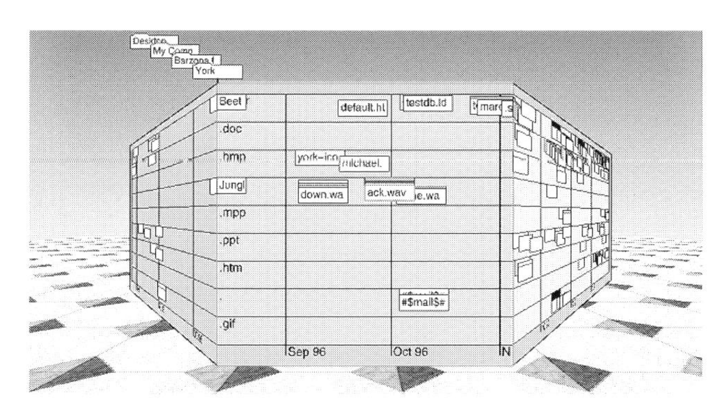

図 7.12（口絵 9） Perspective Wall
(Courtesy of Xerox Corp. and Inxight Software, Inc.（当時））

透視図法：perspective，透視法，遠近法の一つ

ティブウォール）[23]（図 7.12）は，スケジュールなどの時系列なデータ可視化する手法である．これは，透視図法を利用することで，ユーザの視点に近い情報はその詳細を表示し，遠ざかるにつれて概略だけを表示するというフォーカス＋コンテクスト表示（次項(b)）を実現している．ユーザが情報を選択すると，それが中央にくるように壁の表面が滑らかにスライドする．

(d) 木構造データの可視化

木構造も大きくなると枝が広がり，可視化に広い面積が必要になってしまう．この問題への対処として，木構造を 3 次元空間に円錐状に可視化し，回転するアニメーションによって注目するデータを前面に移動させる **Cone Tree**（**コーンツリー**）[23]（図 7.13）がある．

また，**Tree Map**（**ツリーマップ**）[24]（図 7.14）は非常に応用力の高い手法であり，矩形領域を木の枝分かれに対応させて再帰的に分割して表示する．これは，表示空間に効率よく大量の情報を詰め込んで表示する**空間充填型**アプローチの一種である．

空間充填型：space-filling

(e) グラフ構造データの可視化

ノードをリンクでつないでデータの関係を表すグラフ構造は，見やすく可視化することが非常に難しいデータ構造である．ばねモデルなどの力学モデルは，グラフのノードを質点，リンクをばねと見立てて，シミュレーションによりノード配置を最適化する手法である（図 7.15 (a)）．また，錯綜したリンクが図全体を覆ってしまい，

力学モデル：force-directed model

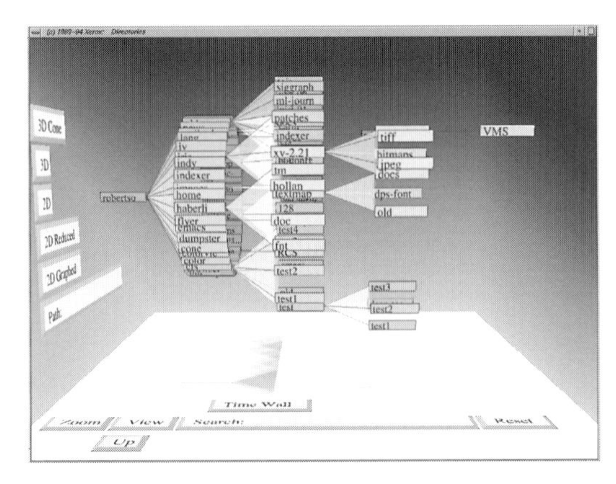

図7.13（口絵10）　Cone Tree（Courtesy of Xerox Corp.）

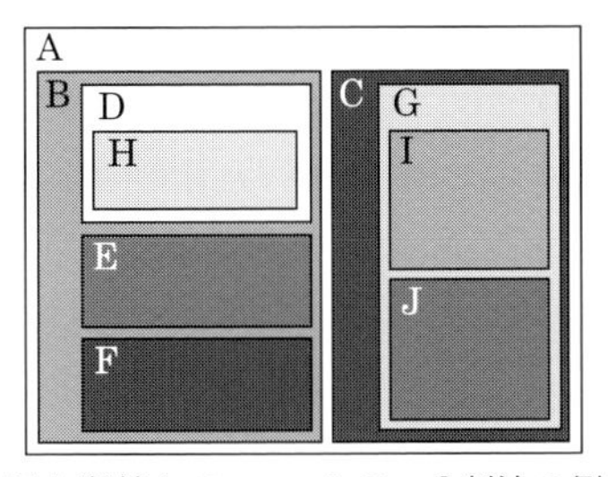

最も単純なslice-and-dice分割法の例

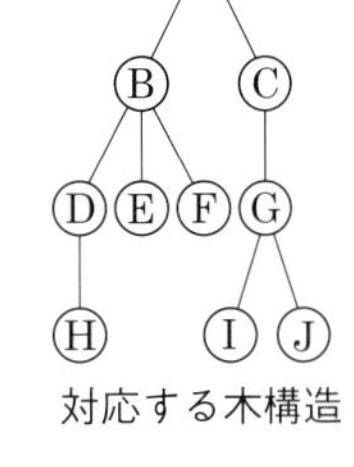

対応する木構造

図7.14　Tree Map（ツリーマップ）

エッジバンドリング：
edge bundling

視認性が悪くなる問題を軽減する方策として，同方向のリンク（エッジ）を束ねる**エッジバンドリング**という手法もある（図7.15(b)）．

そのほかに，ノードを円環上に並べ，リンクを曲線で描く方法もよく用いられる．**Chord Diagram（コードダイアグラム）**（図7.16）は，円周上の弧としてノードを配置し，リンクに太さをもたせられるので，国家間の貿易収支や地方間の転居割合を可視化できる．

2. 情報可視化の操作技術

コンピュータを利用すれば，静的な表示技術に加えて，以下に挙げるような動的な操作技術が利用できるのが特徴である．

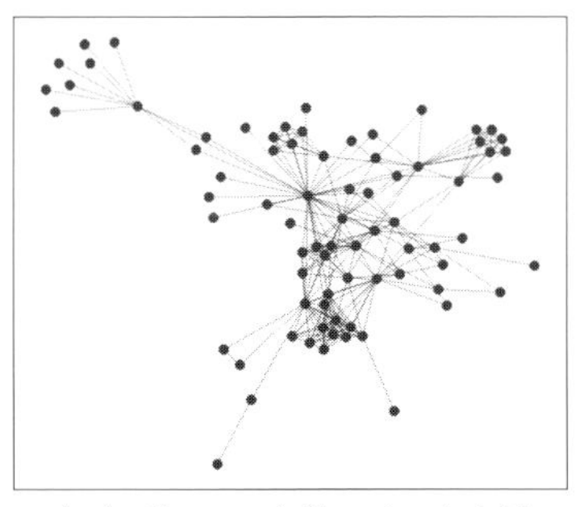

（a）グラフの自動レイアウト例

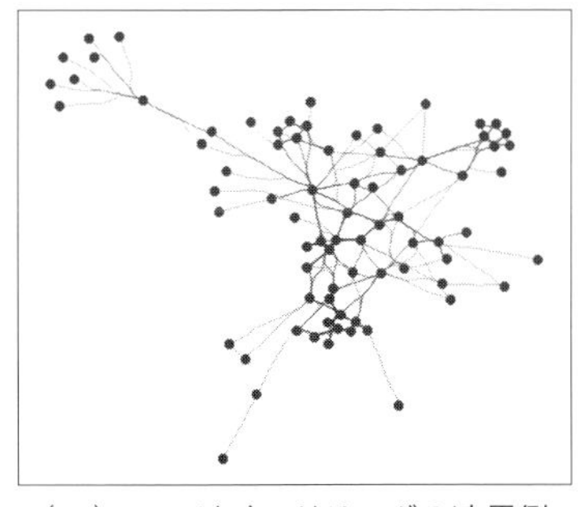

（b）エッジバンドリングの適用例

図 7.15　力学モデルによるグラフ構造レイアウトとエッジバンドリング
（Datashader（datashader.org）サンプルプログラムをもとに作成）

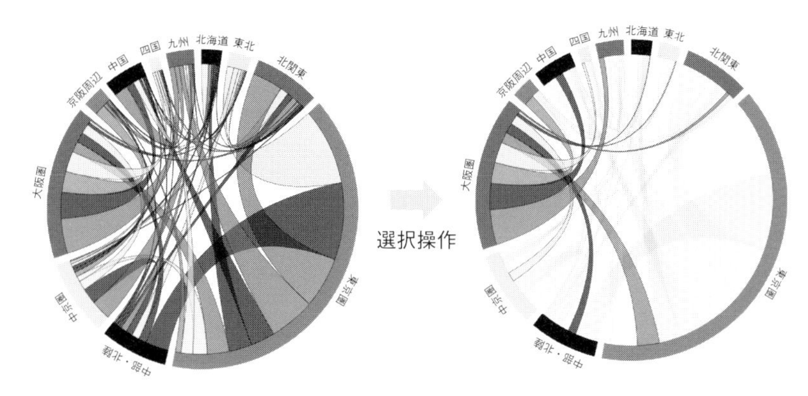

図 7.16（口絵 11）　Chord Diagram
（D3（d3js.org）サンプルプログラムをもとに作成）

(a) 視覚的な情報検索

ダイナミッククエリー：
dynamic query

視覚的な情報検索インタフェースとして，**ダイナミッククエリー**[25]（**動的問合せ**）がある．これは図 7.17 に例を示したように，検索要求の指定にはスライドバーのような値の範囲を入力できる GUI 部品を用い，結果の表示には地図や分布図などを用いる可視化である．ユーザがスライドバーで検索パラメータを連続的に変化させると，それに合致する検索結果がリアルタイムに画面上に提示される．これによって，情報検索においても操作に対する即時フィードバックが実現される．

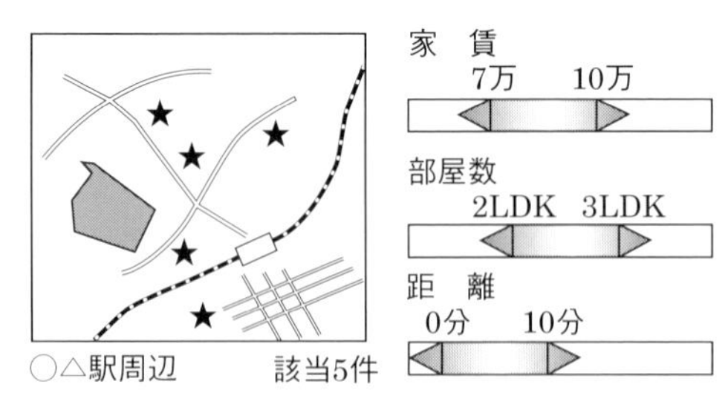

図 7.17　ダイナミッククエリー（動的問合せ）

(b) ズームと魚眼モデル

情報可視化においては，ユーザの注目点を中心に表示を拡大するズーム操作が提供されていることが多い．**Graphical Fisheye View**（**グラフィカルフィッシュアイビュー**）[26]（図 7.18）は，平面上にレイアウトされたグラフ構造を対象とした特殊ズームな手法であり，注目点にレンズの中心を合わせて表示空間を魚眼レンズで見たようにグラフ構造をゆがませて表示する．ユーザが注目点を移動させると，可視化もリアルタイムに変形する．

ゆがみ指向：distortion-oriented

このように表示をゆがませる手法は，**ゆがみ指向技術**と呼ばれており，伸び縮みするゴムシートによるモデルや複数の焦点を利用する可視化も提案されている．

魚眼モデル：fisheye model

図的な拡大に限らずユーザの注目している近傍の情報は詳細に表示しつつ，そこから離れるに従って徐々に情報を間引いたり小さくしたりして，遠方の情報は概略的に表示する手法は，**魚眼モデル**や

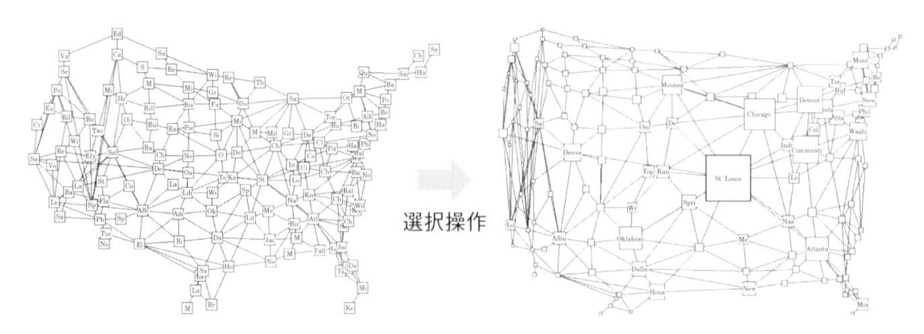

図 7.18　Graphical Fisheye View
（画像提供：Compaq Computer Corp.（当時））

フォーカス＋コンテクスト：focus＋context

フォーカス＋コンテクスト技術と呼ばれる．これによって，ユーザは注目点の付近の局所的詳細と周囲の大局的概略を同時に把握できる．

(c) 3次元インタラクション

最初期の3次元可視化としては，グラフ構造の表示におけるリンク交差の緩和を図ったSemNet[27]がある．これは，クラスタリングや魚眼モデルも利用した大規模知識ベースの可視化である．

また，納豆ビュー[28]（図7.19）は，インターネットのWebのリンク構造を可視化し，「もち上げ（つまみ上げ）」操作によって，複雑なグラフ構造を解きほぐして調べることができる可視化である．ユーザが注目したいノードを選択し，マウスなどによってそれをもち上げると，関連する一連のノードがつられてもち上がる．

このように，3次元グラフィックスを利用した可視化は，奥行きの追加によって表示できる図素数が増え，遠近法（透視図法）によって自然にフォーカス＋コンテクスト効果を得ることが期待される．地図などの2次元の可視化とも組み合わせやすい．

しかしその反面，3次元可視化は，視点制御が難しいことや遠近法によって錯覚が生じやすいことが弱点としてあり，効果的な場合

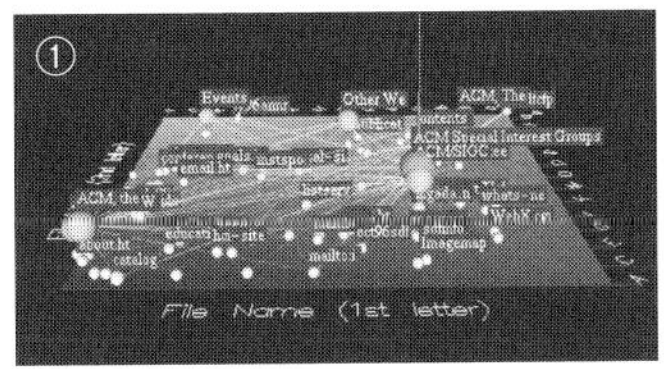

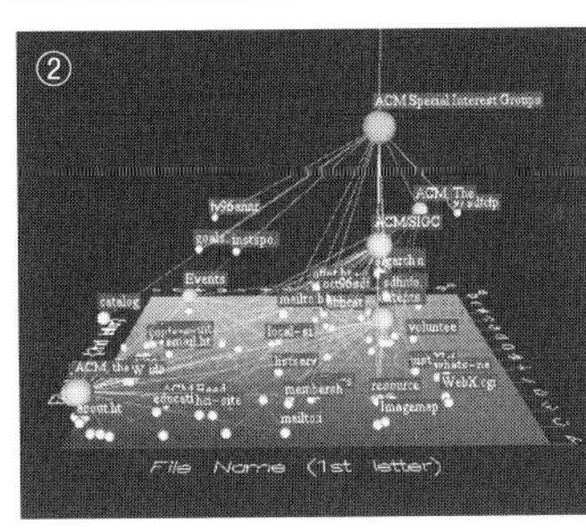

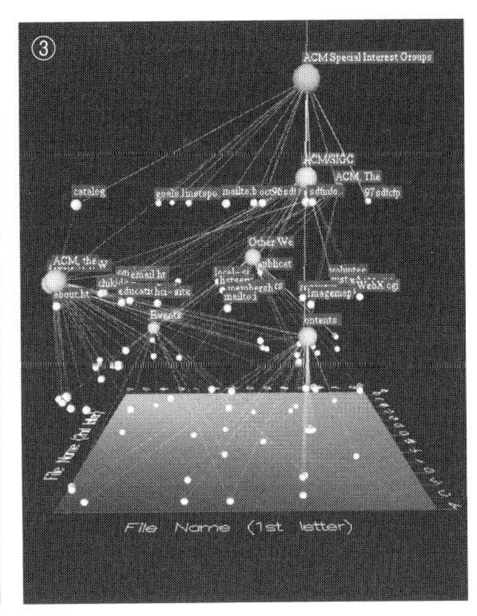

図7.19（口絵12） 納豆ビューによるWeb空間の表示

をよく見極めて採用すべきである．最近では，XR技術を利用し，情報が可視化された空間にユーザが入り込んで，両手操作などでより直感的に情報を操作できる**没入型可視化**の開発も進んでいる．

没入型可視化：immersive visualization

演習問題

問1　西暦2010年代のGUIアプリケーションの画面を調べ，現代の同じジャンルのアプリケーションのデザインと比較して，表示方法や操作方法の違いを考察せよ．

問2　具体的なGUIアプリケーション（例：お弁当づくりの支援）の画面をデザインしてみよう．PCのウィンドウシステム向けとスマートフォン向けの2種類について，それぞれのメイン画面の構成を考え，操作に必要なGUI部品も検討せよ．

問3　具体的なGUIアプリケーション（例：お弁当づくりの支援）の操作をデザインしてみよう．問2でデザインした画面について，デバイスごとにユーザの操作によってどのように表示を変化させるか，ストーリーボードを描いてソフトウェアの動作過程を説明せよ．

問4　棒グラフ，折れ線グラフ，円グラフ，帯グラフ，散布図などの伝統的なグラフについて，どのような視覚変数を利用しているか考察せよ．また，データを都合よく誤認させるように意図的につくられたグラフを探し，視覚変数の使い方の問題点を考察せよ．

マジックレンズ：magic lens

問5　マジックレンズ[29]（図7.20）は，図示されている情報に重ね合わせることで，情報のフィルタリングや付加的な情報の表示ができるレンズをメタファとしたユーザインタフェースである．複数のマジックレンズを組み合わせるような利用方法を考察せよ．

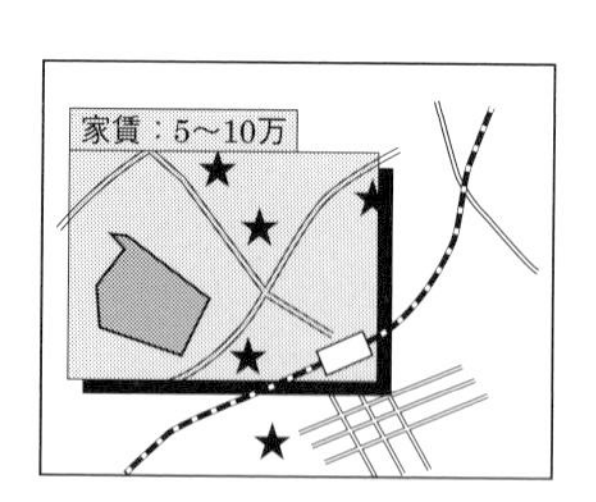

図7.20　マジックレンズ

第8章 コミュニケーションインタフェース

あらゆる人工物にコンピュータが埋め込まれるようになったことと，センシング技術が発達したことにより，人と人工物はあたかも人どうしとがコミュニケーションするようにインタラクションできるようになりつつある．本章ではこうした技術の基礎的な知識として，コミュニケーションにおける各種モダリティと，それらに関するインタフェース技術について学ぶ．

8.1 ノンバーバルコミュニケーション

1．バーバルコミュニケーションとノンバーバルコミュニケーション

バーバルコミュニケーション：verbal communication

ノンバーバルコミュニケーション：nonverbal communication

人間のコミュニケーションは，言葉によるコミュニケーション，すなわち**バーバルコミュニケーション**と，言葉によらないコミュニケーション，すなわち**ノンバーバルコミュニケーション**に大別される．バーバルコミュニケーションは，人間の最も基本的なメッセージ交換手段であるといえる．これに対してノンバーバルコミュニケーションは，話し振りやジェスチャといった，言葉で書き表すことのできない情報を利用したメッセージ交換のことである．ところで，一般にノンバーバルは「非言語」と訳されることが多い．しか

し，ノンバーバルな情報伝達手段も言語的な特徴をもつため，ノンバーバルなメッセージのことを「ノンバーバル言語」と呼ぶことにする[1]．

ノンバーバル言語の分類法にはいくつか説があり，その種類も多岐にわたるが，主なものは表8.1のように分類できる[1),2),3)]．

表8.1　ノンバーバル言語の分類

身体動作	表情，目（視線，目つき，瞳孔），身ぶり，唇，姿勢
周辺言語	声質，発声法（特徴性，限定性，遊離性）
対人接触	相手の身体への接触
対人的空間	個人空間，対人距離，位置
身　体	性別，年齢，身体的特徴
衣　服	帽子，上着，下着，制服

この分類でわかるように，話す速さや抑揚，身体や衣服，性別などもノンバーバル言語に分類される．これらの情報はコミュニケーションの際に対話者の発言や行動に影響を与えるのである．したがって，対人関係において相手に送られる情報は，無意識的なものであってもメッセージと呼ばれるのである[1]．

バードウィステル：R. L. Birdwhistell

バードウィステルによれば，バーバルな言語によって伝えられるメッセージは全体の35 %に過ぎず，残りの65 %はノンバーバルな言語によって伝達されている[1]．この値には諸説あるが，いずれにしても大半のメッセージは非言語的に伝えられると考えられている．このように我々のコミュニケーションの中で大きな割合を占めるノンバーバル言語を，人間とコンピュータのインタフェースに取り入れるためには，それらについてより詳しく理解する必要がある．本節では，特に重要と思われる分類に関して解説する．

エックマン：P. Ekman

表象：emblem

例示的動作：illustrator

情動表出：affect display

調整子：regulator

身体操作：body manipulator

2. 身体動作

エックマンは身体動作を**表象**，**例示的動作**，**情動表出**，**調整子**，**身体操作**に分類した[4]．

表象とはメッセージを意図的に伝達するために使われる動作であり，特定の語句の代理として使われる．例えば，「はい」や「いいえ」のときの首の動き，勝利を意味するVサイン，指を垂直に立てて唇に触れることで静粛を示すサインなどがある．表象は単独で使われることもあれば，言葉と一緒に使われることもある．そして，表象が使われるタイミングは，会話の途切れや語尾が上がり調子か下がり調子かということにも関係する．ただし，騒音で言葉が使えない場合などの特殊な場合以外は，複数の表象が連続して使われることはほとんどなく，たいていは単独で利用される．こうした表象の語彙は，言語同様，それぞれの文化の中で学習によって習得されるため，同じメッセージを伝える動作がすべての文化で共通することはほとんどない．

例示的動作は発話の内容や流れに関連して使われ，発話内容を強調したり補足したりする動作である．例えば，次の言葉を探すときに空中で腕を振る動作，人間や動物の動きを描写する動作，空中で物の形を描く動作，対象物を指し示す動作，空間関係を描く動作などを指す．例示的動作を表象と区別することが難しい場合もあるが，表象は会話の代わりに使われ，例示的動作は会話の最中にだけ使われる．したがって，表象は，同じ文化圏の人であればそれを見ただけでその意味を理解することができる．これに対して例示的動作は，言葉と一緒に聞かなければその意味が明確にはわからない．

情動表出は個人の情緒的な状態や反応を示す表情や身ぶりのことである．ただし，ほとんどの場合は表情によって表出され，幸福，悲しみ，恐怖，嫌悪，怒り，驚きに分類される．情動表出はメッセージを伝えようという意図なしに現れるが，英国人や日本人などのように，教育や社会的な環境によってその発生を抑制することも可能である．

調整子は相手の発言に対する理解を示したり，会話の発言権の移動を制御したりすることによって，会話の進行を円滑にするための動作である．例えば，うなずきは相手の発話への理解を示すとともに関心があることを示し，それによって会話の維持を示している．発言権を誰かに譲る場合には，次の発言をしてほしい人と瞬間的に視線を合わせたり，語尾を上げて質問をしたりする．眼鏡をかけなおしたり，片手で口の一部を覆ったりするという動作は，不安を伝える調整子であるとされている．

適応子：adapter

身体操作（より広い身体動作を含めて，**適応子**に分類する場合もある）は，身体のある部分を使って他のものに働きかける動作のことである．例えば，頭を掻いたり唇をなめたりする動作や，鉛筆をもてあそぶなど物を本来の目的とは違う使い方をする動作が，これに当たる．表象とは異なり，身体操作は普通無意識に行われ，会話の中で使われる位置に規則性はほとんどない．しかし，こうした動作は，落ち着きがない，頼りない，といったメッセージを相手に伝えることが多い．

3. 表　情

表情は身体動作の中の情動表出に当たり，人間の情緒的な状態や反応を示す．表情は表情筋，咀嚼（そしゃく）筋，舌骨上筋，眼筋，舌筋が収縮することによってつくり出される．特に，皮膚と頭蓋との間をつなぐ表情筋は主なものだけでも15もの種類があり，多様な表情の変化を可能にしている．ただ，これらの筋肉がすべて独立して動かせるわけではなく，いくつかが連動して動くことになるため，その種類はある程度限られている．顔の表情と筋肉の収縮との関係を記述する方法としては，エックマンらによるFACS[5]が有名である．

FACS：facial action coding system

表情を左右する心理的な要因は，驚き，恐怖，嫌悪，怒り，幸福，悲しみの6種類に大別されると考えられている[6]．したがって，コンピュータグラフィックス（CG）で表情を合成する際には，この6種類の表情をつくることが基本となる．ただし，この分類は，被験者にさまざまな表情の写真を見せて，その感情を推測させたときに出てきた結果を分類したものである．したがって，実際のコミュニケーションでは，そのときの文脈や付随する会話によって，より複雑な感情を表し得る．

4. 視　線

アイコンタクト：eye contact

相互注視：mutual gaze

コミュニケーションにおける視線はよくアイコンタクトといわれるが，学術的には**相互注視**という言葉を使うことが多い[3]．

対話時の眼の機能は①“話す・聞く”の交替時期の調整，②相手の反応のモニタ，③意思表示，④感情表現，⑤当該対人関係の性質の伝達，に分類される．例えば，会話を開始するときにはお互いに注視し合うし，自分の発話が終わると聞き手の反応を見たり，相手に発言権を譲るために相手を見たりする．特に対話者が複数人いる場合には，誰に発言権を譲るかを指定するのに，視線は重要な役割を果たす．相手の関心度や理解度を観察するためには，対話者がどの程度自分を注視しているかが判断の材料となる．また，何かを指差して見せようとしたときに，対話者がその対象物を見たかどうかも，その視線から確認することができる．

5. 空間的身体配置

(a) 近接学

近接学：proxemics

ホール：E. T. Hall

密接距離：intimate distance

個体距離：personal distance

社会距離：social distance

公衆距離：public distance

人が対話者との間に維持しようとする距離も，コミュニケーションに密接な関係がある．近接学を提唱したホールの研究によれば，対人的な距離は**密接距離**（約 0.46 m 以下），**個体距離**（約 1.22 m まで），**社会距離**（約 3.66 m まで），**公衆距離**（それ以上）の 4 つに分類される（図 8.1）[7]．

密接距離は，恋人どうしや親子のような親密な関係に多く見られる距離である．この場合には視覚的には近すぎるので，音声が主なコミュニケーション手段となる．個体距離は，握手ができる範囲内

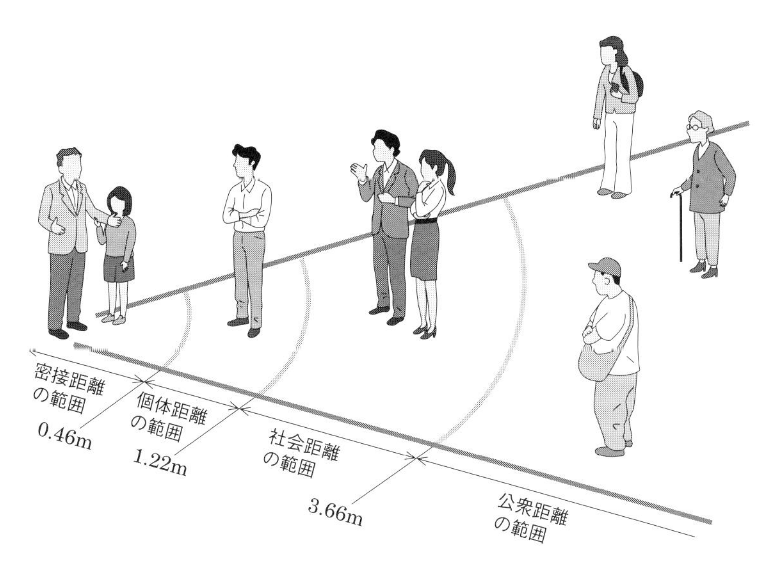

図 8.1 近接学における対人距離

の距離である．この場合，相手の表情を明瞭に見ながら，中程度の声で会話をすることができる．この距離では，個人的な関心について論議することが可能である．社会距離になると，相手の顔の細かいところは見えなくなるが，声は正常の水準で会話が可能である．少人数のミーティングなどがこれに当たる．公衆距離では，対話者の顔や身体の細かい状態はわからないが，複数の人物が同時に見えるようになり，話し声は大きくなる．9 m を超えると，大声を出すか，拡声器で増幅する必要があり，身振りが多用され始める．こうした距離では，演説などのようにフォーマルな話し方となる．

F 陣形：F-formation

(b) F 陣形システム

コミュニケーションにおける人々の空間的身体配置では，お互いの距離だけではなく，身体の向きも重要な役割を果たしている．ケンドンによれば，本を読む場合でもテレビを見る場合でも，人が何か行為を行う場合には，その人の前方に広がる領域（**操作領域**）を占有することになる[8]．操作領域の位置と方向は，人の身体の位置や向きによって規定されるため，その人の移動に伴って，その空間も移動することになる．

ケンドン：A. Kendon

操作領域：transactional segment

さて，複数の人々が集まって一緒に対話や作業をするときは，この操作領域が重なるように身体を配置する．この重なった部分の空間は **o 空間**と呼ぶ．さらに，この o 空間が形成されるような身体の空間的な配置構造（人々の配置と向き）のことを **F 陣形**，そしてこ

o 空間：o-space

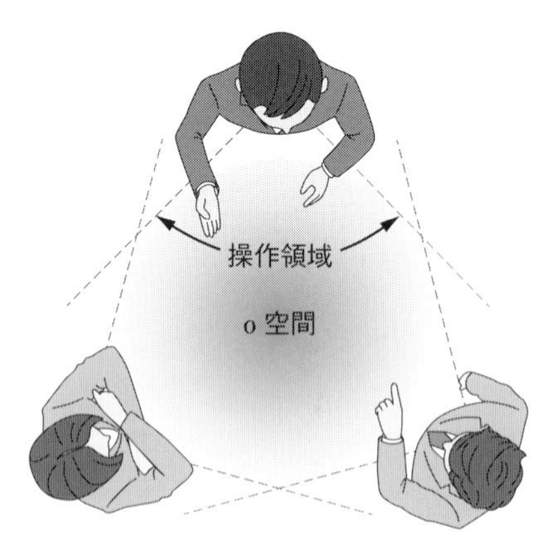

図 8.2　F 陣形の例

の構造を維持するための人々の体系的な行動のことをF陣形システムと呼ぶ（図8.2）．ここで興味深いのは，F陣形を形成する人々の配置と向きは，下半身によって規定されるということである．頭や肩が下半身とは異なる方向を向くことは多いが，これらは一時的なものでしかなく，F陣形に対する影響は小さいと考えられている．

8.2 音声インタフェース

人間どうしのコミュニケーションにおいてノンバーバル言語が重要な役割を果たしていることは前述したとおりだが，やはりコミュニケーションの中で中心的な役割を果たすのは音声*である．例えば，電話のときのように，音声のみで会話することは可能であるが，音声を使わずに会話をするには，筆談やチャットのように道具が必要になったり，手話などを使わなければならなかったりするため，容易にできるとはいえない．

＊音声には，周辺言語によるノンバーバルなメッセージが含まれているため，これが会話を円滑にするために大きな役割を果たしている．

音声を入出力インタフェースとして利用する利点は，次のとおりである[9]．

- 特別な訓練なく利用でき，理解もできる．
- 一般ユーザにとっては，情報の入力速度がタイプライタや手書きよりも数倍速い．
- 紙やディスプレイを必要とせず，マイクロフォンや電話機を入力端末に利用できる．端末から多少離れていても入力できる．
- 他の動作との併用が可能である．例えば，ユーザの手が塞がっている場合，歩きながら利用する場合，何かに対して目を離すことができない場合，などである．

1. 音声認識

音声認識：speech recognition

音声認識とは，人間が話すときに発する音声波形の周波数成分や時間的変化の情報をコンピュータによって解析して，その文字列情報を同定したり，その意味を理解したりする技術である．簡単にいえばコンピュータに話し言葉を理解させる技術であるということができる．身近な例にはスマートフォンやスマートスピーカーの音声入力機能がある．また，似た言葉に**音声認証**があるが，これは話者が本人であるかどうかを識別する技術のことである．

音声認証：voice verification

音声認識方式を，対象とする話者によって分類すると

特定話者：speaker-dependent

不特定話者：speaker-independent

- 特定話者音声認識
- 不特定話者音声認識

の2つに大別することができる．特定話者音声認識とは，あらかじめ特定の使用者が発声した語彙を認識用の辞書に登録しておく方式である．これに対して不特定話者音声認識は，あらかじめ多数の話者から集めた音声データから共通の特徴量を統計的に抽出して辞書をつくるため，話者を特定しない音声認識が可能となる．

単語認識：isolated word recognition

連続音声認識：continuous speech recognition

音声認識の形態は，単語ごとに区切った発音を認識する**単語認識**と連続的に発生された単語を認識する**連続音声認識**に分類できる．

特定話者の単語認識は，あらかじめ登録してある単語と入力された音声を比較するだけなので，処理が容易であり，認識率も高い．また，限られた単語の認識だけなので，その意味をコンピュータが理解することが容易であり，機器に対する単純なコマンド入力や短い返答の入力に適している．このため，この方式は計算能力が比較的劣る小型機器に応用されることが多い．

一方，連続音声認識は単語ごとに区切らずに自然な会話を認識するもので，特に不特定話者の連続音声認識は，比較的大きな計算能力を必要とするうえに，平均的な発声から外れた場合は著しく認識率が下がる．これに対して，ある程度の人数の代表的な話者から集めた音声データを利用して音声認識システムを構成し，これに非常に少ない学習用の音声データを用いてある特定話者に適応させる，話者適応化技術もある．さらに，深層学習の活用によって，入力された音声から音素ごとに区切るような音響モデルの性能がよくなることで音声認識率が向上したり，単語どうしのつながりを予測する言語モデルも，より長い文脈の理解が考慮できるようになり音声認識の向上につながっている．

いずれの音声認識方式においても，周囲の雑音が大きい場合には認識率が著しく低下する．これに対して，複数マイクロフォンを使

用するなどの方法でノイズを低減する技術の研究や，複数の話者ごとに聞き分ける研究も進んでいる．

また，読唇術のように画像処理などで口の動きだけから発話内容を推定し，音声情報を用いずに発話内容を認識する研究も進んでいる．発声が不要なので，周囲に人がいる場面での利用に適している．

2．音声合成

音声合成：speech synthesis

音声合成とは，人が発している音声をその時点でそのまま伝えるのではなく，コンピュータや機械を利用して音声をつくり出すことをいう．カーナビゲーションシステムの音声ガイダンスのようにあらかじめ録音した音声データを再生する場合も，音声合成の一つと考えることが多い．

基本周波数：fundamental frequency

声道：vocal tract

人間の発声のメカニズムは，肺から押し出された空気が気管を通り，声帯を通過するときにその開閉運動を誘発して三角波で近似できる音波を発生させるところから始まる．この三角波の周波数を**基本周波数**と呼ぶが，声帯の緊張度を変化させて周波数を変化させることによってイントネーションを変化させることができる．この基本周波数と，同時に発生した高調波成分はその後**声道**（声門から口や鼻へ至る経路の総称）へ入る．声道は管楽器の音響管の役割を果たすため，舌の形，顎の開き方，唇の形などを変化させることによってその音響特性を変化させることができる．こうして出てきた音波は，声道の形状に応じていくつかの優勢な周波数成分の組合せをもって外に出ることになる．こうした優勢な各周波数成分のことを**フォルマント**というが，「ア」「イ」「ウ」「エ」「オ」といった**母音**は，それぞれ2つから3つの特徴的なフォルマントをもつ．

フォルマント：formant

母音：vowel

子音：syllable

子音は，舌で空気の流れを狭めてシュー音という音をつくることや，唇を一度閉じてから空気を出すことで破裂音をつくることによって実現される．こうした子音と母音を組み合わせて音声がつくられる[9),10)]．

音素：phoneme

音節：syllable

単語：word

文：sentence

母音や子音のことを**音素**といい，これらを組み合わせて発した音声を**音節**という．日本語では音節はかなに相当する．そして，音節を組み合わせることによって単語が出来上がり，単語を組み合わせることによって文が出来上がるのである．

さて，音声を人工的に合成するためには，このような声帯音源をソースとし，フォルマントによって特徴付けられる声道をフィルタとする音声合成は**ソース・フィルタ理論**と呼ばれる考え方に基づき人工的につくり出すことができる．こうした試みは古くから始められていて[9),11)]，1779年には木管楽器などに使われるリードによってつくられた音を適当な形状をした共鳴管に通すことによって，数種類の母音を発する音声合成器が発明されている．子音と母音の両方を合成した最初の機械は，1791年にフォン・ケンペレンによって発表された．この装置は，リードが発した音が通過する経路を機械的に変化させることによって，単語や短い文を発声することができた．

ソース・フィルタ理論：source-filter theory

リード：reed

フォン・ケンペレン：W. von Kempelen

電気的に音声を合成する装置の出現には（1876年の電話の発明と1877年の蓄音機の発明を除けば），その後100年以上を要した．1922年になると，簡単な電子回路によって母音を発音できる装置が製作され，1939年には米国のベル研究所が子音まで発音できるvoderと呼ばれる装置を公開した．voderはオペレータがピアノの鍵盤のようなものを操作する（このための訓練に1～2年を要したそうである！[10)]）ことによって10個の帯域フィルタの出力を調整して，実時間でさまざまな単語を発声させることができた．ベル研究所は同時期に，人間の音声を分析することによって，調整するべき帯域フィルタのパラメータを求め，その結果に基づいて音声を合成するという音声の分析合成を実現し，これをvocoderと呼んだ．その後はコンピュータの出現によって，電気回路は数値計算に置き換えられた．

音声の合成方式は次の4種類に大別される[2),9)]．

(a) 録音再生方式

音声による文章を音声波形としてメモリなどにそのまま記録しておき，必要に応じてそのまま再生する方式である*．当然ながら音質は優れているが，違う音声が必要なときには録音しなおさなければならないため，頻繁に変更する必要のない用途に限られる．

*この方式を音声合成に含めることを疑問に思うかもしれないが，音声を電気信号に変換する発明と，音声合成の歴史は切り離すことはできない．電話を発明したベル（G. Bell）は，少年時代にフォン・ケンペレンの音声合成器を見て非常に感動したという．この経験が音声に対する理解を深め，後の電話の発明につながった．現在でもデジタル式電話における音声圧縮技術と音声認識・合成技術の関係は深い．

(b) 録音編集方式

人が発声した音声を音声波形として単語や文節単位で蓄積しておき，必要に応じてつなぎ合わせて出力する方法である．音声をつなぎ合わせるときの連続性が，合成音声の品質の良否を決定するため，同じ単語でも上がり調子や下がり調子といったいくつかの種類をそろえておく必要がある．一般的に，接続部分でひずみが生じやすい．

また，人の音声を音声の生成モデルに基づいて分析し，音声波形ではなくパラメータの時系列データとして蓄え，音声を生成するときにはこのパラメータを利用して音声合成器を駆動するという方式も存在する．音声そのものではなく，パラメータを蓄えればよいため，情報量を大きく圧縮することができる．また，駆動音源やパラメータを調整することによって声の調子を調整したり，単語の接続部分を滑らかにして聞きやすくしたりすることが可能である．

(c) テキスト合成方式

テキスト合成方式は，入力された文章に対応する音声を合成する方法である．音素や音節といった小さな単位を，イントネーション，アクセント，声質などを調整するいくつかの規則によってつなぎ合わせることで，音声を合成する．録音編集方式では難しかった大語彙にも対応でき，任意の文章を合成することができる．しかし，音声の小さな単位を組み合わせるために，それらのつなぎ目をいかに自然に処理するかが問題となり，合成音声の明瞭性や自然性は録音編集方式より劣ることが多い．

1990年代ごろは音響的あるいは言語的な知見や規則に基づいて音声波形を合成する規則合成方式が実用化されてきたが，コンピュータの処理速度の高速化，機械学習などの技術の進展に伴い，テキストとその発話を大規模に集めてデータベース化した**音声コーパス**を利用した方式の研究や高性能化が進んでいる．近年，音声波形の生成に統計モデルを用いた方式で良好な出力を得られることが多い．例えば，音声コーパスから抽出した音響特徴量を，事前に機械学習を使って分析・モデル化しておき，その統計モデルからパラメータを生成して音声を合成する．機械学習の代表的な種類には，合成単位の音響的な特徴量を**隠れマルコフモデル**で表現した手法に基づいた**HMM音声合成**と，非線形変換関数によって言語特徴量と音響特徴量の関係を表現した**DNN音声合成**とがある．DNNとは，機械学習の一種である深層学習で用いられる，脳の神経回路を模したニューラルネットワークを多層化して構成されたものである．DNN

音声コーパス：spoken corpus

隠れマルコフモデル：hidden Markov model (HMM)

HMM音声合成：HMM-based speech synthesis

DNN音声合成：DNN-based speech synthesis

を利用して良好な結果を出すには，学習データの質と量が重要であり，一般に学習には膨大な量のデータと相応の時間が必要となる．

3. 音声を利用したヒューマンインタフェース

音声を利用したインタフェースが有効なのは，以下の条件がある場合である．

- 手が塞がっていて機器に入力ができない．
- ある対象から目を離すことができず，入力インタフェースを見ることができない．
- 歩きながら入力する必要がある．
- キーボードが使用できない状況にある（暗闇，水中，戦場，コックピットなど）．
- 電話のように，もともと音声が主として利用される機器を使う．
- キーボード入力より音声入力のほうが速い（コマンドが簡単な場合や，キーボード非熟練者の場合）．
- 機器が小さいためにキーボードやボタンが限られている．
- 発音訓練を目的とする（英会話教育，発声トレーニング）．
- バリアフリーを目的とする．

音声入出力を目的とした機器の代表は電話機である．電話に入力された音声はクラウドシステムに送ることができるため，電話機自身に負荷の高い機能をもたせずに，クラウドシステムに音声処理を行わせることができる．これによって，特にスマートフォンなどの携帯電話では不特定話者の連続音声認識を高精度に実行できるようになりつつあり，端末の操作やさまざまな入力作業を音声で行うことができるようになっている．スマートフォンは多機能であるため，誰にでも使いやすいわけではないが，音声によるコマンド入力や音声検索機能の充実は，こうした使いやすさの問題を解決できる可能性がある．

*第11章11.2節参照．

ウェアラブルコンピュータ*は，小型のコンピュータを身体に装着し，何かほかの作業をしながら利用することが目的であるため，両手が塞がっていたり，作業対象から目を離すことができなかったりする場合が多い．このようなシステムに対する入力手段として，音声入力は有望な方法である.

8.3 エージェントによるマルチモーダルインタフェース

1. マルチモーダルインタフェースの特徴

人とコンピュータとのインタラクションを, 人と人とのインタラクションに近づけることを目指しているのが, **マルチモーダルインタフェース**である. マルチモーダルとは, 人間の知覚・認知・運動・感情などの複数のモダリティを支援しようとする考え方である. これに対して, マルチメディアとは音声や映像といった機器の側からの多様性を表現した言葉であり, すなわちマルチモーダルとマルチメディアは, 人間を中心として考えるか, 機器を中心として考えるかの違いを表している[12].

マルチモーダルインタフェースの特徴としては, ①効率性および正確さ, ②あいまいさの低減, ③冗長性, ④多様性, ⑤負荷分散, ⑥自然さ, が挙げられる[12]. 複数のモダリティで同時に情報が伝達されていれば, その冗長性ゆえにあいまいさが減少し, 正確さが向上する. 利用できるモダリティに多様性があれば, 伝達する情報の種類や好みに応じて, 最も適したモダリティを選択できるし, 複数のモダリティを同時に使えば1つのモダリティに対する負荷も分散できる. 例えば, 指で差して「これ」と説明するほうが, 音声だけで「君から見て右側にある赤い本」と説明するよりも音声に対する負荷は減少する.

コンピュータに対して音声と手振りを併用した入力を実現した初期のシステムにPut That Thereがある[13]. ユーザは大型のスクリーンの前に座り, スクリーンに表示されているCGのオブジェクトを指差して, “Put that” と言い, 次に移動先を指差して “there” と言うと, そのオブジェクトが指差した場所に移動する. このシステムでは, 磁気式の位置計測装置による指差し方向の認識と音声認識技術を組み合わせている.

2. エージェントによるマルチモーダルインタフェース

エージェント：agent

コンピュータから人間へのマルチモーダルコミュニケーションを実現するインタフェースとして代表的なのは**エージェント**である．ヒューマンコンピュータインタラクションにおけるエージェントとは，ユーザから見たときに自律して振る舞いつつユーザとインタラクションしているように見えるシステムのことを意味する．その実現形態には，テキストまたは音声による自然言語で会話することができるチャットボット，CGで表示されたエージェント（以下，CGエージェント）（図8.3），そしてロボットがある[15]．

最も基本的なチャットボットはテキストチャットや音声による対話の形式を用いるが，大規模言語モデルを利用することによって，自然言語で対話をすることができる．CGエージェントやロボットは人に近い形状，あるいは人を連想させる形状に擬人化*されることが多い．これは複数のモダリティを利用した人に近い動作によって，ユーザがコンピュータの意図を自然かつ容易に理解することができるようになると期待されるからである．

*「擬人化」とは人間以外のものに対して人的な特徴を与えることを意味するため，擬人化エージェントの形状は必ずしも人型である必要はない．

前述のとおり，エージェントにはCGエージェントとロボットがある．CGエージェントの利点は，さまざまな形態や動作を比較的短時間かつ自由に生成できることである．その一方，CGエージェントの問題点は，その動作が2次元的なディスプレイに表示されているということである．例えば，絵画のモナリザはその絵の前を動き回っていろいろな方向から見ても，常に観察者に視線を向けてい

図8.3　マルチモーダルインタフェースエージェントの例[14]
（写真提供：星野准一）

モナリザ効果：
Mona Lisa effect

るように見えてしまうことが知られている．この現象は**モナリザ効果**と呼ばれている．このように，ディスプレイを正面以外の場所から見た場合には，CG エージェントが提示する視線や指差しなどは，その方向が正しく認識できない．さらに，ディスプレイの背面からは，エージェントをまったく見ることができなくなってしまうということも問題である．これらの問題は，3 次元的な実体であるロボットをエージェントとして利用することによって緩和することができる．

自律的なエージェントではないが，遠隔操作型のロボットを人間どうしのコミュニケーションを仲介するインタフェースとして利用する試みもあり，これはテレプレゼンスロボットと呼ばれる．一般的にテレプレゼンスロボットの有効性が期待されているのは，会議室で行われている会議に，サテライトオフィスやホームオフィスなどにいる 1 名の遠隔参加者が会議に参加しようとする場面である．テレプレゼンスロボットの最も一般的な構成では，パン・チルトするアクチュエータの上にカメラとディスプレイが搭載されており，ディスプレイには遠隔参加者の顔が表示されている（図 8.4）．そして，遠隔参加者がこのアクチュエータを遠隔操作できるようになっている．カメラとディスプレイのユニットが，移動可能な台車の上

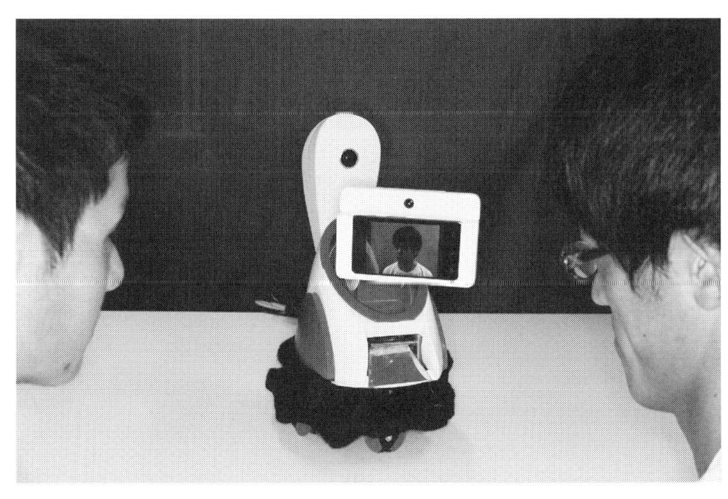

図 8.4　テレプレゼンスロボットの例

に搭載され，室内を移動できるようになっている場合も多い．

こうしたテレプレゼンスロボットに期待される効果は，次のとおりである．

- 遠隔参加者が会議室内を自由に見回すことができる．
- ロボットの動作によって，遠隔参加者の存在や意図に気づきやすい．
- ロボットのカメラやディスプレイの動きから，遠隔参加者が注目している方向が推測できる．特に会議室に複数人の参加者がいる場合，遠隔参加者が誰に話しかけているのか，誰に発言権を譲ろうとしているのかがわかりやすい．
- これらの効果によって，遠隔参加者も会議室参加者と同様に発言できる．

しかし，ロボットを容易に操作できないこと，ロボットから送られてくる映像だけでは会議室の様子を十分に把握しづらいこと，ロボットの動作から操作者の意図を推測しづらいことなどの課題が残されている．

マルチモーダルインタフェースとしてのエージェントについては，その外見の人間に対する類似度がインタラクションに与える影響に関するさまざまな現象が知られている．CGエージェントは多様な表現が可能であるが，AIを利用することによって，人と見分けがつかないほどの外見と動作を提示するエージェントを生成することができる．ロボットも多様な表現が可能であるが，その中でもできるだけ人間に似せようとしたロボットは，アンドロイドと呼ばれることが多い．一方，エージェントの外見が人に与える心理的効果の一つに，「不気味の谷」仮説がある．この仮説によれば，ロボットの外観や動作が人に近づくにつれて，そのエージェントに対する人の好感度は向上するが，人にかなり似てくると，人は急にそのエージェントに対して嫌悪感を覚えるようになる．しかし，さらに類似度が向上して人と見分けがつかないほどになると，親和感は急速に上昇する．類似度が高い領域に存在するこの親和感の谷を，**不気味の谷**と呼ぶ（図8.5）．この谷が実際にあるとすれば，人に親和性の高いロボットを製作する場合には不気味の谷に落ちないように

「不気味の谷」仮説：uncanny valley theory

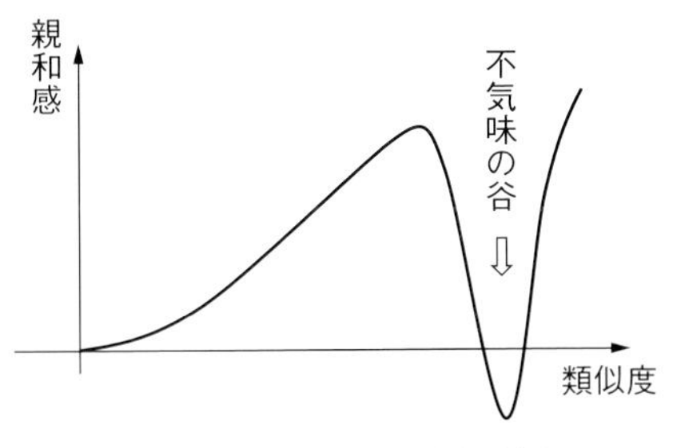

図 8.5 「不気味の谷」仮説[15]

気をつける必要がある．

プロテウス効果：
Proteus effect

このほかに，エージェントの外見による心理的効果の一つに**プロテウス効果**[16]がある．これは，バーチャルリアリティ空間内でユーザが使用するアバタの見た目の印象によって，そのユーザ自身の行動や知覚などが影響を受ける現象である．例えば自分のアバタとして魅力的な容姿を選択すると，他者のアバタに対してより親密に対応することや，賢人のアバタを選択すると，与えられた課題に対してより真剣に取り組むことなどが知られている．同様の効果は，テレプレゼンスロボットにおいても起こり得る．

演習問題

問 1 テキストチャットは典型的なバーバルコミュニケーション手段だが，これにノンバーバルな言語を追加する工夫にどのようなものがあるか，例を挙げよ．

問 2 音声を利用したインタフェースが有効なのはどのような場合か，例を挙げよ．

問 3 声色を変更できるボイスチェンジャーではどのような技術が利用されているか，説明せよ．

第9章 協同作業支援とソーシャルコンピューティング

コンピュータが複数の人間の活動を支援するときには，人間と人間の間の活動が滑らかになるようなインタフェースを提供する必要があり．これをマルチユーザインタフェースと呼ぶ．本章ではまず協同作業の基本概念を紹介し，特定の人々の協同作業をコンピュータシステムでどのように支援するか，さらに不特定の人々をつなぐソーシャルコンピューティングについて学ぶ．

9.1 マルチユーザインタフェース

本書ではこれまで主に，「1人の人間」と「コンピュータ」の間のインタフェースについて解説してきた．実際，1980年代まではヒューマンインタフェースの研究が対象としてきたのは1人のユーザであり，そのユーザがコンピュータをいかに使いやすく操作できるようになるかということに重点が置かれてきた．

しかし，人間は社会的動物であり，特にオフィス作業の場合は1人だけで物事を進めることは少なく，複数の人が協力して目的を成し遂げる場合が多く見受けられる．一方，仕事を支援するコンピュータのほうでは，パーソナルコンピュータという言葉が定着したように，あくまで個人を支援することに重点が置かれてきた．この状況が一変したのは，コンピュータネットワーク技術の発展と，それに伴うコンピュータのネットワーク接続率の急激な上昇である．このことによって，１台のコンピュータが単独で処理を進めるより，ネットワークを経由して複数のコンピュータの間で情報をやり取りするということが当たり前となってきた．

ここでいう情報のやり取りは，複数のコンピュータを用いて分散システムとして機能させるという目的はもちろんであるが，それだけではなく人間と人間のコミュニケーション目的のためにも使用されるということを意味している．特にインターネットの爆発的な普及によって，一般の人々の間でも，コンピュータは計算をするためのツールというより，コミュニケーションメディアであるという意識が強くなった．

このように，コンピュータを通して情報を共有し，複数の人がコミュニケーションを進めながら物事を進めていく場合には，人間とコンピュータの間のインタフェースは従来とは若干異なってくることが想定される．すなわち，このような環境では，これまで見てきた図 9.1（a）のように１人のユーザを対象としたシングルユーザインタフェースではなく，複数のユーザの存在を意識した図 9.1（b）のような**マルチユーザインタフェース**が必要となる．

さて，一般的に用いられる「マルチユーザシステム」という言葉は，複数の人がそのシステムを使用できるということを表すことが多い．例えば，マルチユーザ対応のオペレーティングシステムは，

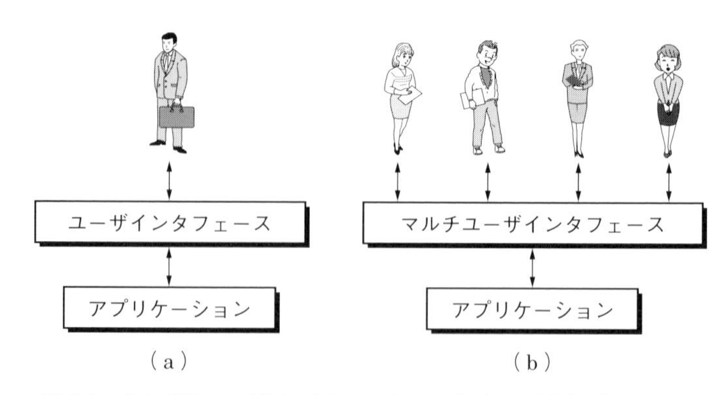

図 9.1　シングルユーザインタフェースとマルチユーザインタフェース

複数のユーザが同時にログインすることを許している．このような場合，システムはお互いの存在を認識させるというより，各ユーザがほかのユーザの影響を受けることなく独立に，そして安全に仕事を進められることを重視している．すなわち，マルチユーザシステムでは図9.2（a）のように複数のユーザの間で資源をどのように配分し，お互いの影響を受けることなくシステムを運用し，そしてセキュリティを守るかということが問題となってきた．しかし，ここで取り上げるマルチユーザインタフェースは，他人の存在を意識した，あるいは意識させるインタフェースである点に注意してほしい．

このようなマルチユーザインタフェースが注目されるようになってきたのは，コンピュータにより人々の協同作業を支援するシステムとして「グループウェア」が登場してきてからである．なぜなら，協同作業では単独作業と異なり，人々の間のインタラクションが作業結果として反映されるため，そのような協同作業の遂行過程においては，自分の作業だけではなく，必要に応じて協同作業者の作業や意識に注目する必要があるからである．まさに，他人の存在を意識させるインタフェースが必要となる．すなわち，グループウェアで重要となってくることは，図9.2（b）で示すように，安全に情報を共有できること，グループ内の役割に応じた情報のアクセスができること，グループのメンバーを自然に意識できることである．それぞれのグループウェアがどのようなインタフェースを必要

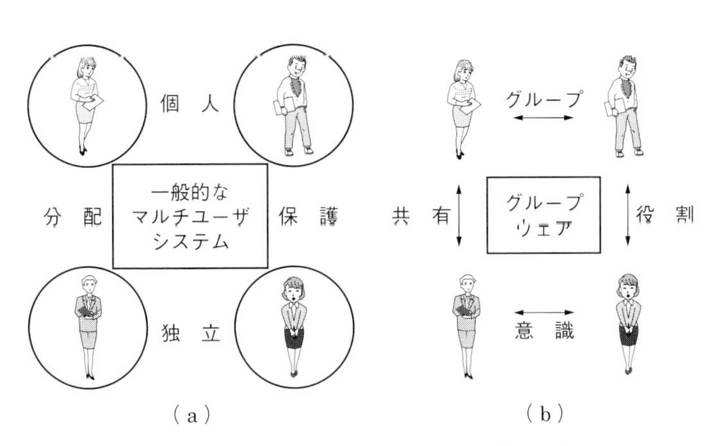

図9.2　一般的なマルチユーザシステムとグループウェア

としているかは，そのグループウェアの目的によって異なってくる．

9.2 協同のモデル化[1)]

協同作業支援システムをデザインするためには，人間の協同とは何であるかを明確にし，人間の協同という行為をモデル化する必要がある．ここでは，協同とは複数の人が協力することにより1人では成し得ない，あるいは成すことが非常に困難な新しい価値を創造することと定義する．そのためには，お互いに自分の意見をはっきり主張すると同時に相手の主張をよく理解し，協力してそれぞれの意見を統括する必要がある．すなわち，協同を進めるうえで重要な要素は，自己主張をする意思の強さと，互いに協力しようとする意識の強さである（図9.3）．お互いに自己主張ばかりで協力する姿勢がなければそれは衝突であり，相手の主張を一方的に受け入れるのは依存である．いくら複数のメンバーが参加しても，衝突や依存では個人が単独で行う以上によい結果が出るわけではない．また，妥協はお互いに自分の主張を抑えることにより協力するものだが，単なる妥協では新しい価値は生まれにくい．自分の意見を主張しつつも相手の話をよく聞き，お互いに協力していくことが協調であり，本当の意味での新しい価値を創造することができる．

協同を行うための基本としては，複数の人がお互いを認知できる状態で存在していなければならない．このプロセスを**共在**と呼ぶ．図9.4に示すように，共在には時間と場所という2つの次元がある．

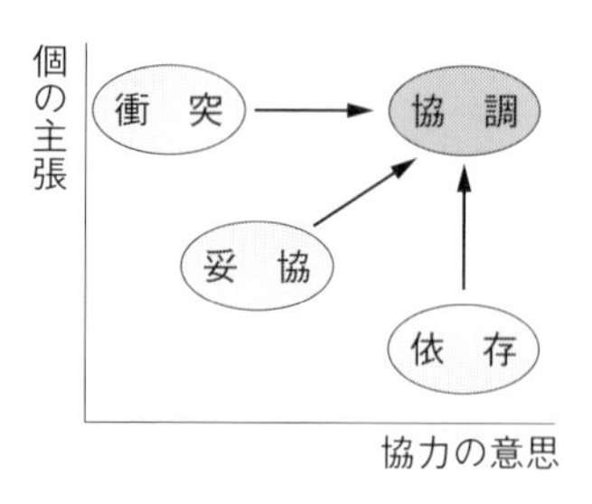

図9.3　協同の軸

図 9.4　協同の基本となる共在

これまでは，共在となるためには複数の人が同じ時間，同じ場所に集まらなければならなかった．しかし，通信手段や記録手段の発達により，時間や場所が異なっていても共在を実現することが可能となった．特に，最近の通信技術とコンピュータの目覚ましい発達により，日常生活においても時間や場所が異なる人々が協同で働くことが当然のように行われている．しかし，共在は協同のための必要条件に過ぎず，共在の状態が満たされているからといって質の高い協同ができるわけではない．

協同するためには，人々の間でコミュニケーションをとり，知識や情報を交換し，作業を一緒に行う必要がある．これらのプロセスを**共有**と呼ぶ．協同作業には，意識の共有，情報の共有，作業の共有の 3 つの共有が必要である．協同が円滑に進むか否かは，どのようなレベルの共有が提供されているかに密接に関わる．協同作業に必要な共有空間については 9.3 節で詳細に述べる．

同じ部屋に集まって会議をするのとビデオ会議で済ませるのでは，やはり議論の深まりや効率が違うのではないだろうか．なぜなら，対面環境では自然に提供される気づきが，遠隔環境では提供されないからである．共有を効果的に実現するためには，人，モノ，

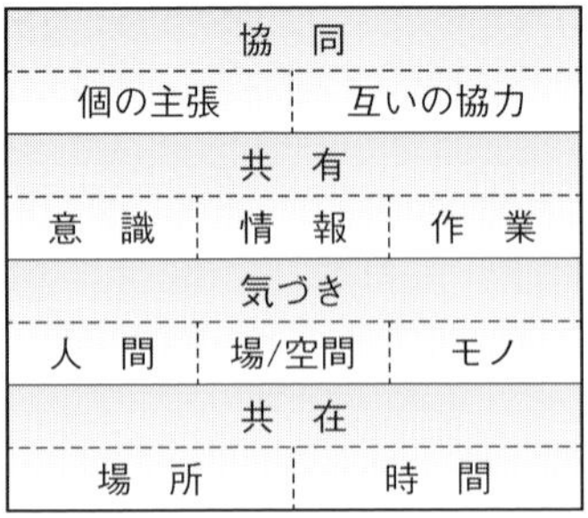

<table>
<tr><td colspan="6">協　同</td></tr>
<tr><td colspan="3">個の主張</td><td colspan="3">互いの協力</td></tr>
<tr><td colspan="6">共　有</td></tr>
<tr><td colspan="2">意　識</td><td colspan="2">情　報</td><td colspan="2">作　業</td></tr>
<tr><td colspan="6">気づき</td></tr>
<tr><td colspan="2">人　間</td><td colspan="2">場/空間</td><td colspan="2">モノ</td></tr>
<tr><td colspan="6">共　在</td></tr>
<tr><td colspan="3">場　所</td><td colspan="3">時　間</td></tr>
</table>

図 9.5　協同の一般階層モデル

場/空間に関して自然な気づきが提供されることが重要である．忙しそうな人に話しかけても深い話はできず，何に注目して話しているかがわからなければ話の内容は理解しづらい．場の雰囲気に気づかなければ不適切な発言をするかもしれない．すなわち，共在のプロセスから気づきのプロセスを経て初めて共有のプロセスに進むことができるのである．気づき（アウェアネス）に関しては 9.5 節で詳細に述べる．

以上をまとめると，人間の協同作業は共在，気づき，共有というプロセスに支えられており，図 9.5 のような階層構造として表現することができる．これを**協同の一般階層モデル**と呼ぶ．

9.3　協同作業における共有空間

我々が協同作業を行っている状況を考えてみよう．円滑に作業を進めるためには，まず各個人がもっている情報の中で，全員が知っておいたほうがよいと考えられる情報を何らかの方法で示すことが必要である．そして，集められた情報に基づいて意見を述べディスカッションを深めることにより，お互いの考えを理解し，あるときにはそこから新しいアイデアが生まれることになる．さらに，このような意見交換を通じて得られた結論に従って実際に作業するときには，一緒に作業できる空間が必要であることは当然であるが，その空間において相手が何を行おうとしているのか理解できなければならない．

すなわち，協同作業を支援するためのマルチユーザインタフェースとしては，次に示す3つの共有空間を支援するインタフェースを提供しなければならない．

1．情報共有空間

典型的な協同作業である会議では，まず会議前あるいは会議中に全員に同じ資料が示され，共有された情報に基づいて議論が進む．そして会議終了後，会議の作業結果である議事録が配られる．ソフトウェアの共同開発では，外部仕様書や内部仕様書が共通資料として作成され，関係者に配付される．このように，情報が共有されることは協同作業の基本である．

しかし，協同作業といえどもすべての情報が共有されるわけではない．例えば，個人的なメモや，プライバシーに関わることは，他人から見られることがないように保護されなければならない．すなわち図9.6に示すように，プライバシーが守られた個人の情報空間に存在する情報の中から必要に応じて協同作業メンバーに示すための情報共有空間と，個人の情報空間から情報共有空間にスムーズに移すための手段を提供することが必要となる．

図9.6　情報共有空間

図9.7　意識共有空間

2. 意識共有空間

人間は情報を伝達するためにコミュニケーションを行う．しかし，コミュニケーションの本当の目的は単に情報をやり取りするというだけではなく，ある事柄について意識を共有させ，相互理解を生むことである．相互理解がなければ，すなわち意識が共有されなければ，協力して物事を進めていくことはできない．もちろん，お互いの意識が完全に共有されるわけではなく，人間のコミュニケーション技法や意識のもち方により共有の程度は変わってくる（図9.7）．インタフェースとして課題となるのは，意識の共有を深めるためのコミュニケーション空間をどのように提供するかということである．

3. 作業共有空間

協同作業を作業対象の処理という面から見ると，次の2つのフェーズがある．それは，個人的に作業を行ってその結果を全員に示すフェーズと，作業対象物に対して複数人で作業を行うフェーズ（実際には1人が作業して他の人は見ているだけという場合を含む）である．インタフェースの側面から見れば，前者は通常の作業用のインタフェースが必要であり，後者はマルチユーザインタフェースが必要である．

すなわち，ここで対象となるのは共通の資源に反映される作業である．基本的にはすべての作業者が共通資源に対して作業を行え，それと同時に作業者以外の人も誰がどのような作業を行っているか

図 9.8 作業共有空間

を認識できる作業共有空間を提供する必要がある．この作業共有空間では，作業環境，作業ツール，作業対象など作業に必要なものは共有される（図 9.8）．もちろん，作業によっては役割に応じて作業対象にアクセス権が設定されることもある．

9.4 CSCWとグループウェア

ワードプロセッサや表計算ソフトウェアのように個人の仕事を支援するのではなく，Web 会議システムやワークフロー管理システムのように，複数の人が参画する仕事を支援するシステムは，**グループウェア**と呼ばれている．このグループウェアという用語は 1978 年にジョンソン＝レンツ夫妻によりつくられた．エリスの定義によれば，グループウェアとは共通の仕事や目的のために働く利用者のグループを支援し，共有作業環境のためのインタフェースを提供するコンピュータベースのシステムである．

ジョンソン＝レンツ夫妻：P. Johnson-Lentz and T. Johnson-Lentz

エリス：C. Ellis

CSCW：computer supported cooperative work

グリーフ：I. Greif

キャシュマン：P. M. Cashman

コンピュータ支援：computer supported

協同作業：cooperative work

一方，グループウェアとともによく用いられる **CSCW** という用語は，1984 年にグリーフとキャシュマンによりつくられた．CSCW はグループワークの中でコンピュータの役割に注目する概念や基本姿勢を表したもので，コンピュータ支援という支援手段，協同作業という支援対象の 2 つの異なる視点をあわせもった概念である（図 9.9）．もちろん，グループウェアの先駆的な研究はもっと昔に遡ることができ，1960 年代，エンゲルバートにより NLS という遠隔作

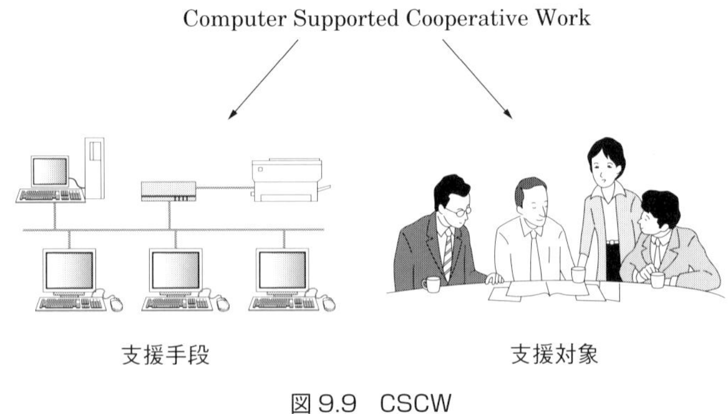

図 9.9　CSCW

業支援システムが開発されている．彼はその中で，遠隔会議，協同執筆，対話記録支援，知識共有などの基本コンセプトを打ち出している．

グループウェアが一般に広く知られるようになったのは，1990年代初めにLotus社からLotus Notesという分散データベース技術に基づいたワークフロー管理システムを中心とするグループ支援システムが発売されてからである．初期のグループウェアはLANをベースにした小規模のグループを支援するものが多かったが，インターネットの普及とWeb技術の進展により，組織間の調整やコミュニティ支援のように大規模な対象を支援するシステムも登場してきた．

グループウェアは，支援業務，支援対象の規模，支援機能などで分類することができるが，最もよく用いられるのが，時間特性と空間特性による分類である．グループウェアの時間特性とは，全作業者が同じ時刻に行う作業を支援するか，それとも各自の都合のよいときに行う作業を支援するかに大別される．同じ時刻に行う作業，すなわち時間を共有している作業を支援するものを同期型，各自の作業時刻が異なるもの，すなわち時間を共有していない作業を支援するものを非同期型と呼ぶ．一方，グループウェアの空間特性とは，同じ場所に集まった作業者を支援するか，地理的に分散している作業者を支援するかに大別される．同じ場所，すなわち空間を共有している作業を支援するものを対面型，作業者が分散しており空

表 9.1 グループウェアの分類

		時 間	
		同 期	非同期
空 間	対 面	同期対面型	非同期対面型
	対 面・分 散	ハイブリッド型	
	分 散	同期分散型	非同期分散型

間を共有していない作業を支援するものを分散型と呼ぶ．また，2020年代前半の新型コロナ禍以降，対面環境の作業者と分散環境の作業者が混在しているケースが見られるようになり，これをハイブリッド型と呼ぶ．

この時間特性と空間特性を組み合わせると，次のような同期対面型，同期分散型，ハイブリッド型，非同期対面型，非同期分散型のグループウェアに分類される（表 9.1）．

1．同期対面型グループウェア

同期対面型グループウェアは，定められた時刻に 1 か所に集まって行う通常の会議や協同作業をコンピュータで支援しようとするものである．相手の視線を感じ，顔色を読むことができる非常に豊かなコミュニケーション環境が自然に提供されており，特別なコミュニケーションシステムを用いることなく会話が成立する．この場合にグループウェアとして求められるのは，個人の情報と共通の情報を効果的に示すことであり，部屋に設置された大きな共有スクリーンと各個人がもつ端末の画面を，目的に応じて使い分けたり統合したりする機能をもつシステムが利用される．

同期対面型グループウェアとしては，会議支援システムやグループ意思決定支援システムが挙げられる．システムを導入するために，ホワイトボード型やテーブル型のコンピュータ，AV 機器が備わった専用の部屋を用意する例が多く見受けられる．

2. 同期分散型グループウェア

同期分散型グループウェアは，図9.10に示すように地理的に分散している人たちが，同じ時刻に端末の前に座り，協同で行う作業を支援するものである．電話のように実時間で会話を行える遠隔コミュニケーション機能が不可欠であると同時に，共通資料の表示あるいは操作を行うことができなければならない．同期分散型のグループウェアを用いて円滑な協同作業を行うためには，通信における実時間性を確保することと，作業対象に対する操作と作業内容に関するコミュニケーションが直感的に対応付けられることが重要となる．対面環境と比較すると，コミュニケーション機能は極めて制限されたものになる．

ビデオ会議システムやWeb会議システムが，同期分散型グループウェアの代表的な例である．従来は地方や海外の支店と結ぶのに利用されていたが，新型コロナ禍により在宅勤務が推奨され，個人レベルでも同期分散型のグループウェアの急速な普及が促された．これらのシステムではマルチメディア技術が重要な役割を果たし，ビデオ空間や共有仮想空間の構築などさまざまな応用例が見られる．

図9.10　同期分散型グループウェア

3. ハイブリッド型グループウェア

ハイブリッド型グループウェアは，同期対面型と同期分散型が混在した環境で用いられるグループウェアの応用例である．これまでにも混在した環境は見られたが，会議室に集まった多数の参加者と遠隔地からのごく少数の参加者というアンバランスな形態が普通であった．しかし，新型コロナ禍に約3年間続いた生活スタイルの変化は，その後も完全に元に戻ることはなく，リモートワークも一定の割合で継続されるようになった．そのため，会議や講演会において，会場に集まったメンバー数と遠隔地から参加するメンバー数が同じような規模になることもごく当たり前となり，ハイブリッド型の形態が多く見られるようになった（図9.11）．現地の参加者と遠隔の参加者がスムーズにインタラクションできるようにするためには，司会者の役割がより重要となるだけではなく，カメラ設営や音響装置などにも工夫が必要となる．

図9.11　ハイブリッド型グループウェア

4. 非同期対面型グループウェア

非同期対面型グループウェアは，作業者は同じ場所に集まるが，時間がずれているため顔を合わせることがないような，あるいはずれていてもかまわないような作業を支援するものである．すなわち，ある作業者が行った結果が蓄積され，それを別の作業者が取り出し，蓄積された作業結果に応じた処理を行っていくような場合を想定したものである．具体的な例はそれほど多くなく，ノウハウ情報の管理を支援するグループウェアなどが実現されている．

5. 非同期分散型グループウェア

非同期分散型グループウェアは，高度な情報共有手段を提供することにより，作業時刻も作業場所もまったく異なる人たちの間の協同作業を支援するものである．コミュニケーションが果たす役割より，作業内容そのものが重視されるような協同作業を対象としている．実時間で進める協同作業を支援するわけではないので技術的制約が少なく，比較的初期のころから実用的なシステムが開発されている．最も成功したグループウェアといわれているワークフロー管理システムは，非同期分散型グループウェアの代表例である（図9.12）．

図 9.12　非同期分散型グループウェア

9.5 共有空間構築に必要な概念

前節で述べたようなさまざまなグループウェアを構築するためには，データを共有する技術とともに，個人を対象としたアプリケーション，いわゆるシングルユーザアプリケーションには欠如していた次のような概念を導入し，インタフェースをデザインする必要がある．

1. WYSIWIS（What You See Is What I See）

協同作業においては，作業に関わるすべての人が同じものを見ることができなければ，円滑に作業を進めることはできない．対面環境では全員が同じものを見ることができるのは当たり前であるが，分散環境では何らかの方法によりこの機能を支援しなければならない．

WYSIWIS は「あなたが見ているものは私が見ているもの」という意味であり，同期分散型グループウェアにおいて協同作業を行うときに，協同作業参加者間でお互いが画面を通して見ている内容を一致させる機能である．ここでいう画面の内容とは，単に共通に参照している資料の内容だけではなく，あるオブジェクトを指しているポインタやカーソルの動きなども含めた内容である（図 9.13）．

1つのアプリケーション画面やデスクトップ全体を共有するための画面共有や，自分のポインタを相手の画面にも表示するテレポインタは，WYSIWIS を実現するための重要な技術である．しかし，

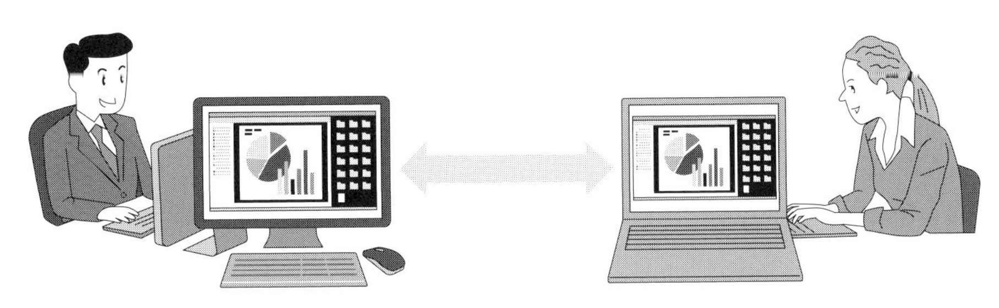

図 9.13 WYSIWIS

実際のシステムを設計するうえでは，完全な WYSIWIS を提供するには次のような問題がある．

複数のサイトで協同で書類を作成している状況を考えてみよう．完全な WYSIWIS では，ある人が文字を 1 字打ち込んだ瞬間に全員の画面上でそれが反映されなければならない．処理の負荷やネットワークの遅延を考えた場合，瞬時の反映が困難な場合もある．また，そのことが本当に意味をもつのかも疑問である．そこで実際のシステムでは，加筆修正した内容を適当なタイミングで一括更新するよう実時間性を緩和することを考慮する必要が出てくる．

また，協同作業においては，作業の途中結果など個人的には参照したいが公開はしたくない資料が存在することがよくある．しかし，すべての画面を完全に同じにしてしまうと，個人がひそかに自分の資料を参照するようなことができない．そこで，個人用のローカルウィンドウを許容する方法が多く見受けられる．

2. シームレスネス

個人で作業を行うときには，自分が使い慣れた，あるいは自分に向いた道具や作業環境を使用する．紙と鉛筆で作業をする人もいれば，タブレットやコンピュータを用いている人もいる．コンピュータといっても使用する機種，OS，アプリケーションに完全な統一があるわけではなく，また同じアプリケーションでもそれぞれが好みの環境をカスタマイズしているのが普通である．しかし，多くのグループウェアではユーザ全員に共通のインタフェースを強要するため，普段の作業環境との間に不連続性を生じる．グループウェアで使われる**シームレスネス***とは，このような不連続性をなくそうという概念である．

シームレスネス：seamlessness

*シームとは境目という意味である．

個人の作業結果やプライバシーに関わるものなどは個人の作業空間に置かれ，他人がアクセスできないようになっている．しかし，個人の作業空間にあるファイルをメンバーで共有するためには，グループの作業空間に移す必要がある．このような空間の境目をなくし，個人作業と協同作業を連続的に行えるような空間を，シームレスな空間と呼ぶ．例えば，各個人が所持しているコンピュータのファイルの内容を自由に共有の大画面に表示させ，さらにその内容を誰

（a）連続的な会話空間と作業空間

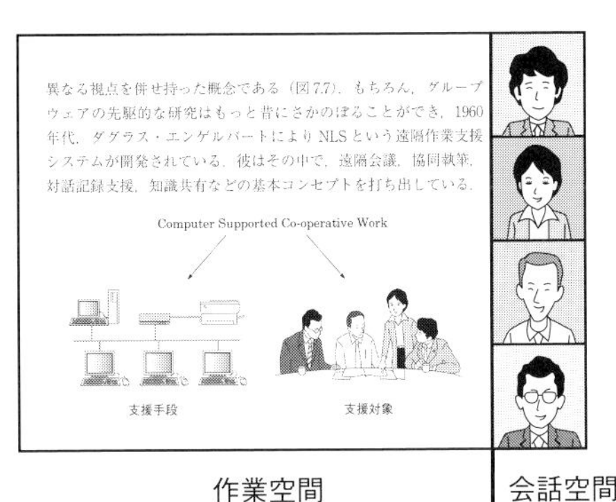

（b）不連続な会話空間と作業空間

図 9.14　シームレスネスの有無

でも自分のコンピュータから変更できるような仕組みがあれば，個人空間と作業空間はシームレスであるとみなせる．

また，対面環境では会話空間と作業空間はシームレスである．他の作業者がある対象物を指しながら話せば，何について述べているかがすぐにわかる（図 9.14（a））．しかし，Web 会議システムの画面上では，会話を行うためのビデオウィンドウと作業を行うためのウィンドウには境目があるため，作業しながら「これ」というような指示代名詞を使ってオブジェクトを指示したときに直感的に理解することが困難である．これは，画面上の作業空間と会話空間の間にシーム（境目）が存在するからである（図 9.14（b））．顔を表示しているビデオウィンドウ（会話空間）と作業ウィンドウ（作業環境）は完全に独立であり，作業者と作業結果を直接結び付けるものはない．

3. アウェアネス

コミュニケーションをするためには，相手がそこに存在すること，そしてどのような状況であるのかに気づかなければならない．また協同作業をするためには，相手が何をしているのか，何に注意を払っているのかに気づかなければならない．対面環境では相手が目の前にいるので容易に気づくことができるが，分散環境では対面環境で当たり前のように得られていた情報が欠如してしまう．

アウェアネス：awareness

グループウェアでは，「協同作業者の存在，行動，感情などを強制されることなく気づく」という**アウェアネス**の概念が注目されている．アウェアネスの意味は「気づくこと・意識・認識」であるが，ここではアウェアネスを支援する技術として「コンピュータを用いて他の人物（特に協同作業者）の存在・行動などを認識させ，そこから生じるコミュニケーションを支援する技術」と考える．アウェアネスを提供するといってもさまざまなレベルのアウェアネスがあり，また支援の目的によりどのようなアウェアネスを提供しなければいけないのかは異なってくる．例えば，次のようなアウェアネスの提供が考えられる．

(a) 存在のアウェアネス

在宅勤務など分散環境で仕事をする人たちの間では，仕事の話いわゆるフォーマルコミュニケーションは必要に応じて行われるが，人間関係を築くようなインフォーマルコミュニケーションは大幅に減少することが知られている．インフォーマルコミュニケーションを活性化することを目的とするグループウェアでは，仲間の存在や状況に気づくことによって誘発されるコミュニケーションを支援することが重要となる．

このために，①人が集まる共有の場所を仮想的に提供することにより，物理的には離れている人々を一堂に集め存在を知らせる，②センサで位置など周囲の人間に関する情報を与えることによって，コミュニケーションの機会を提供する，③現実世界の偶発的な出会いを，何らかの方法によりコンピュータ上でシミュレートすることによって仮想世界で偶然の出会いを実現する，などいろいろな試みが行われている．

(b) 行動のアウェアネス

協同描画システムなどで用いられる共有ホワイトボードやその他の共有アプリケーションでは，誰がどのオブジェクトに対してどのような操作をしているかということを知る必要がある．このようなシステムでは，テレポインタに個人ごとに異なった色を付けたり，テレポインタの周辺に個人名を付けることによって，誰がどのような操作を行っているのかを示している例が多く見受けられる.

(c) 視線のアウェアネス

会話の流れを円滑にするためには, 視線の働きが欠かせない. 日常生活において我々はごく自然に話し手の視線を観察することにより, 誰に向かって話しかけているのか, どのタイミングで話し手を交代するかなどの情報を得ることができる. このような視線のアウェアネスはゲイズアウェアネスと呼ばれ, 多人数の参加型の遠隔会議システムでは円滑に話を進めるために重要となってくる. ゲイズアウェアネスの支援がないと, 会話を交代するときにいちいち次に話す人の名前を明示しなければならない. また, 協同描画システムなどにおいても相手が何を見ているかを知ることにより, 相手の行った, あるいは行うであろう作業の意味を理解することが容易となる場合もある.

ゲイズアウェアネス：gaze awareness

(d) 感情のアウェアネス

相手の感情を知ることは対面環境でさえ難しく, 会話情報が制限される分散環境ではなおさらである. メラビアンは, 感情を含んだ会話において言葉だけで伝わる情報はわずか7％にしかすぎず, それに音声が加わると45％, そして残りは身体動作で伝わる, すなわち視覚情報が55％を占めると報告している. 相手の感情に気づくためには, 視覚情報が重要な役割を果たすことがわかる.

メラビアン：A.Mahrabian

電子メールやチャットは基本的には文字のコミュニケーションであり, メラビアンの説に従えば情報の7％しか伝わらないことになり, 感情の行き違いから話がこじれることもしばしば生じる. 実際, SNS上の論争はフレーミング（炎上）という現象で知られている. 一方, ビデオコミュニケーションは音声と視覚情報を伝えることが可能である. しかし, ネットワーク遅延やジッタがあると話者交代が困難になりスムーズな会話ができない. また, 視覚情報を正確に伝送するためには, 高精彩の等身大画像を1秒間30枚以上のフレームレートで転送し, さらに色情報を正確に再現する必要があり, コンピュータの画面上の小さなビデオウィンドウによるコミュニケーションでは, 感情まではなかなか伝わらない.

9.6 ソーシャルコンピューティング

ソーシャルコンピューティングとは，人々が他者とインタラクションするためのコンピュータシステム，あるいはそうしたシステムを介したインタラクションに関する研究分野のことである．CSCWと共通点は多いが，初期のCSCWは主にオフィスワークや会議を支援することに注目していた．これに対してソーシャルコンピューティングは，ソーシャルネットワークサービス，電子掲示板，集合知，電子商取引サイトなど，多様なアプリケーションにおける人々のインタラクションの社会性に注目しており，その目的はオフィスワーク，ゲーム，購買，社会的活動，あるいは単なる雑談などまで含む．このように幅広い分野であるソーシャルコンピューティングの研究テーマは多岐にわたるが，**データマイニング**，**協調フィルタリング**，**レコメンダシステム**（推薦システム）などが典型的な例である．

データマイニングは，収集したデータを分析することによってデータ間の関連性などを見つける手法である．ソーシャルコンピューティングにおいては，ソーシャルネットワークサービスにおける人々のつながりの中からサブグループを見つけ出したり，投稿されたテキストデータから知識を抽出したりする．

レコメンダシステムはソーシャルコンピューティングにおける重要な技術の一つであり，複数の選択肢の中からユーザにとって価値がある情報を推定して提示するシステムである．このシステムは，全ユーザに共通の情報を提供するものと，特定のユーザに適した情報を推薦するもの（**パーソナライズドレコメンデーション**）に大別することができる．電子商取引のサイトを例にすれば，前者は例えば商品のユーザ評価の高い商品を推薦する手法が該当し，後者は多数の顧客の購入履歴や商品の閲覧履歴のデータを利用して，個々の顧客が好みそうな商品を推定する手法が該当する（図9.15）．

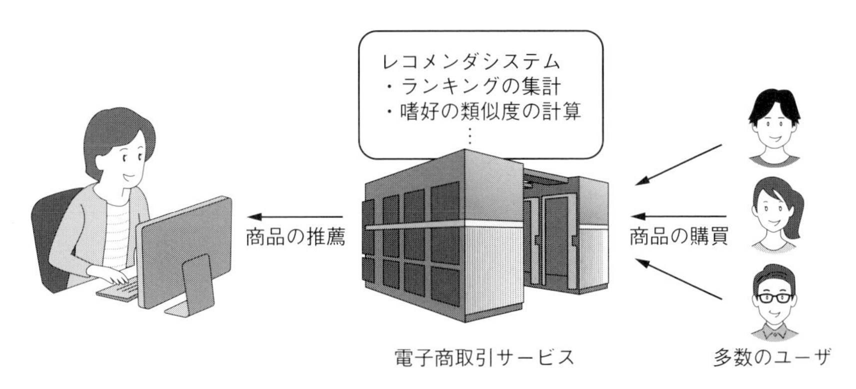

図 9.15　電子商取引サービスにおけるレコメンダシステム

演 習 問 題

問 1　従来のマルチユーザシステムとグループウェアの違いは何か．

問 2　分散環境における協同作業では，なぜアウェアネスを支援する必要があるのか．

問 3　レコメンダシステムの課題は何か，考えを述べよ．

第10章

XR（クロスリアリティ）

コンピュータのインタフェースとして普及している，デスクトップメタファによるインタフェースは，文書作成などの２次元平面的な作業に適している．しかし，人間が実生活（実空間）の中で日々行っている３次元的な作業を支援するためには，空間型のインタフェースが必要である．本章では，コンピュータが作り出した３次元空間を利用するバーチャルリアリティ（VR），実世界にコンピュータの世界を重ね合わせて利用するオーグメンテッドリアリティ（AR），さらにこれらを総称したXR（クロスリアリティあるいはエクステンデッドリアリティ）について学ぶ．

10.1　バーチャルリアリティ

バーチャルリアリティ：
virtual reality

バーチャルリアリティ（VR）は，現実の環境と機能としての本質は同じであるような環境を，ユーザの五感を含む感覚を刺激することによって理工学的につくり出す技術およびその体系のことを指す．VRは，「3次元の空間性」，「実時間の相互作用性」，そして「自己投射性」の３つの要件をもったバーチャルな環境をつくり出す技術であることが特徴とされる[1]．「3次元の空間性」とは，バーチャルな環境内の視覚，聴覚，体性感覚などの情報が3次元的に再現されていることである．「実時間の相互作用性」とは，人の 3 次元的な動作を実時間で計測し，それに対して実時間で環境が応答することである．「自己投射性」とは，バーチャルな環境とユーザが一体となり，あたかも環境に入り込んだかのような状態になることである．

また，VR 技術の特性を考えるための枠組みとして知られているものに，ゼルツァーによる **AIP キューブ**がある[2]．これは VR 技術を**自律性**（A），**対話性**（I），**臨場感**（P）の 3 つの側面から考えようとするものである．自律性は，バーチャルなオブジェクトが環境内に生じるさまざまな事象や刺激に対して反応する度合いのことである．対話性は，バーチャルなオブジェクトがもつパラメータをユーザが実時間でコントロールできる度合いである．臨場感は，環境が支援する入出力チャネル（モダリティ）の数とその忠実度である．図 10.1 にゼルツァーの AIP キューブの概念図を示す．この図で原点（0, 0, 0）は初期のグラフィックシステム，その対角の（1, 1, 1）は理想的な VR であると考える．

ゼルツァー：D. Zeltzer
AIP キューブ：AIP cube
自律性：autonomy
対話性：interaction
臨場感：presence

このような技術/学術分野を表すのに「バーチャル」という語が使われたのには意味がある．この単語は日本語では「仮想」と訳されることが多いが，『岩波 国語辞典（第八版）』によれば，「仮想」とは「事実でないことを仮にそう考えること」である．これは，英語の virtual の意味する，「見かけや形は原物そのものではないが，本質的あるいは効果としては現実であり原物であること」とは異なる．そこで，本章では国内で一般的に使われている「仮想現実感」という日本語を使わず「バーチャルリアリティ（VR）」を使い，バーチャルという言葉も「仮想」と訳さずそのまま使うことにする．

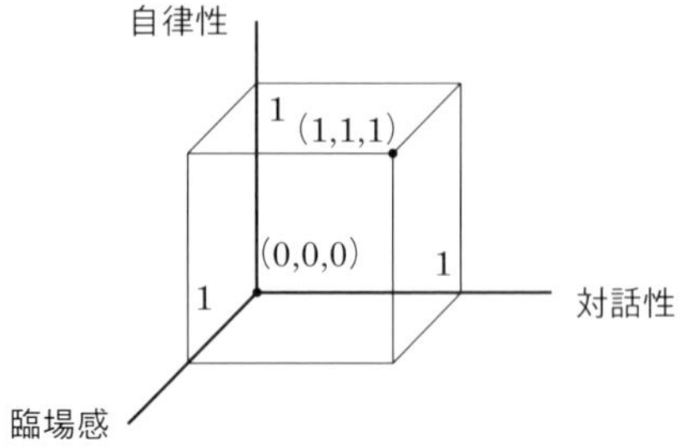

自律性
1
(1,1,1)
(0,0,0)
1
1
対話性
臨場感

図 10.1　ゼルツァーの AIP キューブ[2]

ちなみに，日本では1990年代前半まで「人工現実感」という言葉が使われていたが，これはクルーガーが提案したartificial realityという考え方[3]の日本語訳である．しかし，欧米でvirtual realityという表現が一般的になるに従って，日本でも「バーチャルリアリティ」や「仮想現実感」という言葉が使われるようになった．

クルーガー：
M. Krueger

VRシステムの構成要素には，行動センサ，感覚情報ディスプレイ，バーチャル世界シミュレータの3つがある（図10.2）[4]．例えば，ユーザが手を動かすと，行動センサがその動きを検出する．その手がCGで描かれたバーチャルな物体をつかむと，その後物体は手の動きに合わせて動くが，そうした映像が感覚情報ディスプレイによって合成されて表示される．バーチャル世界シミュレータは，手が物体をつかんだことを判定し，物理現象を再現する物理シミュレーションを利用して手の動きに合わせて物体を動かす計算を行う．各構成要素の役割を一般化して書くと，次のようになる．

① 行動センサ：ユーザの行動を実時間で計測する部分．各種センサと，そこから得られた生データを意味のあるデータに変換する部分が含まれる．
② 感覚情報ディスプレイ：ユーザの行動と矛盾のない映像，音声，触覚などの感覚をユーザに対して提示する．
③ バーチャル世界シミュレータ：行動センサから得られたデータに基づいて，バーチャル世界に起こる変化を計算し，感覚情報ディスプレイに渡す．

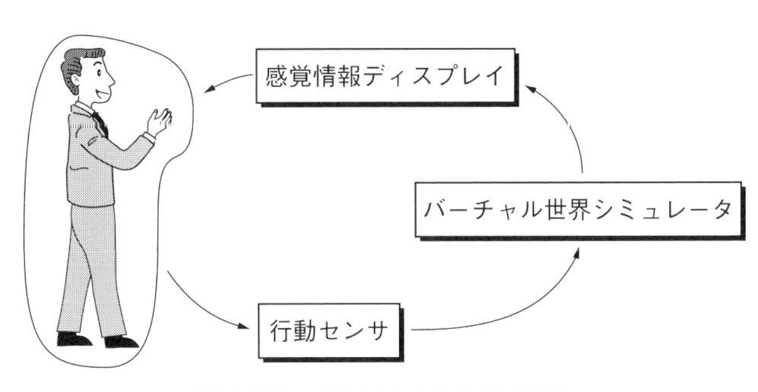

図10.2 VRシステムの構成要素

次に，それぞれの構成要素について具体的に解説する．

1．行動センサ

行動の計測部は第8章の各種入力インタフェースの解説を参照していただきたい．ただし，ユーザに「質的に現実である」という感覚を与えるVRシステムを構成するためにはさまざまな課題がある．例えば，装着型の身ぶり入力インタフェースは，機器の装着感がほかの感覚を阻害したり，装着によって疲労が生じたりすることが多い．また，いずれの計測装置においても，計測における精度や計測の時間遅れなどの問題にも対応しなければならない．

2．感覚情報ディスプレイ

ここでは，人間のもつ各種の感覚情報を合成するディスプレイに関して解説する．一般に「ディスプレイ」というと視覚的な情報を合成する装置を連想するが，VRでは感覚情報を合成する装置を広くディスプレイという．

(a) 視覚情報の合成

奥行き手掛かり：depth cue

生理的な手掛かり：physiological cue

人間の目が3次元的な奥行きを感じる手掛かり（**奥行き手掛かり**）には，生理的な手掛かりと経験的な手掛かりがある[5)]．

生理的な手掛かりには

- 焦点調節
- 輻輳（ふくそう）運動
- 両眼視差
- 運動視差

などがある．焦点調節は，注目する対象物までの距離に眼がピントを合わせることであり，それ以外の対象物はぼやけて見える．輻輳運動は，注目する対象までの距離が近づくにつれて眼が寄り目になる運動である．両眼視差は，左右の眼の間に距離があることによって，注目する対象物の網膜上の映像が左右でわずかに異なることである．運動視差は，身体が移動すると近い対象物は遠くの対象物に比べて速く動いて見える現象，あるいは身体を動かすことによって1つの対象物を異なる方向から見ることができる現象のことである．

経験的な手掛かり:
empirical cue

一方，経験的な手掛かりには

- 網膜上の像の大きさ（近くにあるものほど大きく見える）
- 線遠近法（平行線が遠方まで延びていくと，やがて1点に収束するように見える）
- きめの変化（一様に広がる模様は，遠方ほどきめが細かく見える）
- 大気遠近法（大気によって，遠くのものは明度，彩度が低下する）
- 重なり合い（前方の物体は後方の物体を隠す）
- 陰影（凹凸のある物体に光が当たることによって影ができる）

などがある．

さて，生理的な手掛かりの中で最も積極的に支援されているのが両眼視差である．これに関していくつかの方式を解説しよう．

HMD：
head mounted display

HMDは，ゴーグルのようにユーザの頭に搭載するディスプレイである．これに，ユーザの頭部の位置と方向を計測するためのセンサを取り付けることによって，ユーザの視線に対応した映像を表示することができる．HMDに使用される映像表示デバイスの多くは，液晶ディスプレイか有機ELディスプレイである．至近距離に設置された映像表示デバイスの表示面に装着者の目が焦点を合わせられるように凸レンズが付くため，レンズによってさまざまなひずみが生じる．そのひずみを補正するように表示される像をあらかじめひずめ，レンズの枚数を増やしてひずみにくいように補正する方法が一般的に用いられる．

現在，VRゴーグルとして一般向けに市販されているものは，HMDとVRコントローラが組み合わされたものが多い（図10.3）．VRコントローラを用いず，手の形状をHMDの前面に取り付けられたカメラで追跡するハンドトラッキング機能が使われることもある．

映像を表示する装置を頭部に装着しない方法として代表的なものは時分割方式である．この方式では，通常の映像ディスプレイに右眼用と左眼用の映像を時分割で交互に表示する．これを立体視するには，右眼用の映像が表示されているときには左眼を塞ぎ，左眼用の映像が表示されているときには右眼を塞げばよい．これを実現す

図 10.3　HMD と VR コントローラによる VR 体験の例

る最も一般的な方法は，液晶シャッタ眼鏡方式である．これは，光の透過と非透過を高速に切り換えられる液晶シャッタを取り付けた眼鏡を装着し，ディスプレイの映像の切換えに同期させて液晶シャッタを制御する方式である．この方式の問題点は，3 次元映像の更新周期がディスプレイ本来の更新周期の半分になってしまうことである．更新周期が遅いと映像がちらついて見えてしまい，眼の疲労につながる．

レンティキュラレンズ：lenticular lens

以上の方法では，映像を立体視するためには何らかの装置を頭部に装着する必要があり，これがユーザの負担となることも多い．そこで，頭部に何も装着しない方式（非装着型）も開発されている．中でも**レンティキュラレンズ**を使う方法は安価である．レンティキュラレンズは細長いかまぼこ状のレンズを並べた形状をしている．図 10.4 に示すように，これをディスプレイ上に置いて肉眼で見ると，右眼には右眼用の部分が，左眼には左眼用の部分が見えることになる．したがって，画面上に右眼用の映像と左眼用の映像を縦縞状に交互に表示しておけば，立体視することが可能となる．ただし，画面を斜め方向から見ると左右用の映像が逆転して見えることもある．この問題を解決するために，頭部の位置を追跡して，常に画面上の適切な位置に左右それぞれの映像を表示する手法も考案されている．レンティキュラレンズを用いる場合，更新速度はディス

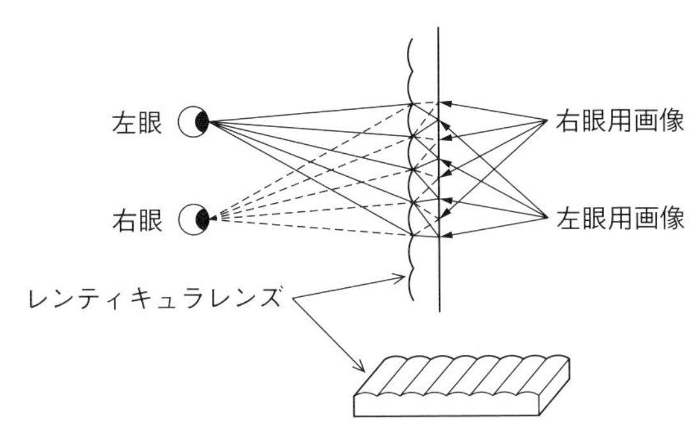

図 10.4　レンティキュラレンズによる立体映像表示の原理

プレイ本来と同じままであるが，左右それぞれの眼用の映像を同一画面上に表示するため，空間解像度は半分になる．

体積走査型ディスプレイ：volumetric display

非装着型のもう一つの方式に**体積走査型ディスプレイ**がある．これは，3次元空間内の任意の点を発光させることによって，実際に3次元的に映像を表示するディスプレイである．これを実現する方法として，高速で回転する面に，一定の回転角ごとにレーザ光やプロジェクタでCGを描画する方法（例えば，Actuality Systems社のVolumetric 3-D Display）がある．また，ある透明な媒質中に2種類の波長の赤外レーザ光を照射すると，その交点部分のエネルギーレベルが高くなって光を発することを利用して，その媒質中に立体的にCGを描画する方法などもある[6]．こうした体積走査型ディスプレイの利点は，どの方向からも映像を見られることと，複数の人が同時に，それぞれの視点から立体映像を見られることである．

IPT：immersive projection technology

さて，人間の眼の特徴の一つに，その視野角の広さがある．通常のビデオモニタや一般的なHMDでは，人間の眼のもつ視野角すべてを覆うような映像を提供できない．これに対して，人間に広視野の映像を与える技術に**IPT**がある．これは，人間を取り囲むようにスクリーンを配置し，そこにビデオプロジェクタで映像を投影するというものである．1992年にイリノイ大学が発表したCAVE[7]は，一辺2.1 mの立方体の部屋で，3つの壁面と床の計4面にプロジェクタで映像が投影される．ユーザが液晶シャッタ眼鏡を装着してこの部屋の中へ入ると，ユーザの視野すべてを覆うステレオ立体映像を見ることができる．図10.5は1997年に設置された東京大学のIPT

図10.5　東京大学のIPT（CABIN）．外観（左）と内部（右）
（写真提供：廣瀬通孝）

で，天井も含めた5面スクリーンのシステムである．IPT内で体験者の影をつくらないようにするため，スクリーンへの投影は背後から行うことが一般的で，IPTを構築するためには十分に広い空間が必要となる．近年では，HMDの広視野角化，高解像度化や低廉化が進んでいるため，IPTよりもHMDが利用されることが多い．

(b) 聴覚情報の合成

両耳間差：interaural difference

両耳間時間差：interaural time difference

両耳間強度差：interaural level difference

人は視覚情報がなくても，聴覚だけからその音源の位置をある程度特定することができる．まず，水平方向の位置の特定には，**両耳間差**と呼ばれる要因が大きく影響している．これは**両耳間時間差**と**両耳間強度差**に分けられる．両耳間時間差は，音源からそれぞれの耳への距離の違いによって生じる，音の到達時間の差のことである．両耳間強度差は，一方の耳には音源から直接音が到達するのに対して，他方の耳には頭部に弱められた音が入ることによって生じる，音の強度差のことである．高い周波数の音は両耳間強度差が，低い周波数の音は両耳間時間差が利用されていると考えられている．この両耳間差だけでは，水平方向の音源特定しかできないが，人は正中面にある音源でも，前後方向や上下方向の位置をある程度特定することができる．これは，音が耳に到達するまでに頭や耳介によって影響を受け，音源の位置に応じて異なる周波数スペクトル特性をもって耳に入ることに起因しており，この特性を**頭部伝達関数**と呼ぶ．頭部伝達関数は頭部の形状ごとに異なる．

頭部伝達関数：head related transfer function

VRでは，バーチャル空間内に設定した音源の音波形に対して，その位置に対応した両耳間差の演算と頭部伝達関数のコンボリューション演算を施せば，鼓膜直前の位置での音波形を求めることができる[8]．こうして左右の耳それぞれ用に計算した音波形をヘッドフォンでユーザに聞かせると，バーチャルな音源を任意の位置に定位させることができる．ただし，音の伝わり方は耳や頭部の形状に依存するため，伝達関数には個人差がある．したがって，ユーザによっては認識する音源の位置に誤差が生じる[9]．

(c) 体性感覚の合成

体性感覚は，皮膚感覚と深部感覚に大別される[5]．表 10.1 に，体性感覚の種類を示す．皮膚感覚は皮膚の表面の知覚である．この中の触圧覚は，皮膚表面に対する物理的な刺激の感覚であり，布を触ったときのざらざら感や，皮膚に何かを押しつけられたときの圧迫感などがこれに当たる．一方，深部感覚は身体の動きや筋肉に関わる知覚である．例えば，関節角度の変化，筋肉の張力や痛みに関する感覚がこれに当たる．こうした体性感覚を合成するインタフェースを総称して**ハプティックインタフェース**という．

ハプティックインタフェース：haptic interface

表 10.1　体性感覚の種類

皮膚感覚	触圧覚，温覚，冷覚，痛覚
深部感覚	運動覚，位置覚，深部圧覚（力覚），深部痛覚

皮膚感覚を合成する装置を触覚ディスプレイと呼ぶ．これは皮膚内部に存在するさまざまな触覚受容器（メルケル細胞，マイスナー小体，パチニ小体，ルフィニ小体など）を刺激することによって，1 つのデバイスでさまざまな触覚を生成するディスプレイである．触覚受容器を刺激する触覚ディスプレイでは機械振動が一般的に用いられる．廉価なものでは偏心おもりの付いた直流モータが用いられるが，駆動信号の入力から起動時間が短いボイスコイルモータがよく用いられる．ほかには電流刺激（図 10.6）によっても，皮膚表面に配列した電極から皮膚内部に電流を流すことで神経を刺激し，触覚を提示することができる．また電極の極性を変えることによって異なる種類の神経を選択的に刺激し，異なる感覚を生成できることが見いだされている[10]．さらに，空中で超音波を収束させることで音響放射力と呼ばれる力のスポットをつくり，物理的な接触なし

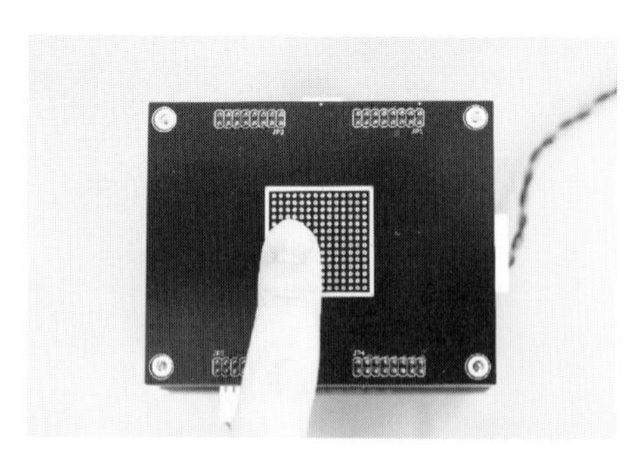

図 10.6　電気触覚ディスプレイ
（写真提供：梶本裕之）

に空中で接触した感覚を生成する手法も開発されている．

フォースディスプレイ：
force display

深部感覚を提示する装置は**フォースディスプレイ**とも呼ばれ，支援すべき動作に応じて多くの方式が提案されている．例えば，各指に対して独立に力を加えることができれば，物を把持する際の力覚を呈示することができる．CyberGlove Systems 社の CyberGrasp（図 10.7）は，手の甲側に装着した外骨格に取り付けられたワイヤによって5本の指を独立に引っ張ることができる．腕に対して力覚を呈示する装置としては，3D Systems 社の Geomagic PHANTOM がある（図 10.8）．これは，平行四節リンク機構を用いることによって，小型の機構ながら広い範囲の腕の動きに対してフォースフィードバックを行うことを可能にしている．

図 10.7　CyberGrasp
（写真提供：CyberGlove Systems 社/ソリッドレイ研究所）

図 10.8　Geomagic PHANTOM
（写真提供：3D Systems 社/日本バイナリー）

こうしたフォースディスプレイは，行動計測部としての役割も果たしているという特徴があるが，単純な行動計測装置よりも機構が大きくならざるを得ないという問題がある．また，バーチャル物体の硬さとその位置を正確に表現するということも，課題の一つである．機構が発生できる力が不十分なときは，提示される力の更新周期が十分でないと，バーチャルな壁にもかかわらずゴムを触っているような感覚しか与えられない．また，位置の精度が不十分であると，物体の中に手がめり込むような感覚を与えてしまうことになる．

（d）前庭感覚の合成

前庭感覚は，身体の回転速度，直線加速運動，傾きに対する感覚であり，主に耳の三半規管と耳石器によって検出される．この感覚を呈示するディスプレイの主な目的は，自動車などの乗り物のシミュレーションである．こうしたシミュレータの多くは，図 10.9 のような**パラレルリンク**式の**モーションプラットホーム**を利用している．上部プレートの上には自動車などの操縦席を載せ，その中に乗り込んだ人間の操作に連動して操縦席を運動させることによって，操作者に前庭感覚を与えることができる．アクチュエータ部には，多くの場合電動モータが用いられるが，大きな推力が必要な大規模なシステムでは油圧アクチュエータを用いることもある．ただし，上部プレートの動きは限られているため，実際の操縦席の運動を完全に再現することはできない．そこで，加速度を上部プレートの傾きによって表現するなどして，操縦者に錯覚を起こさせる手法が利用される．

パラレルリンク：parallel link

モーションプラットホーム：motion platform

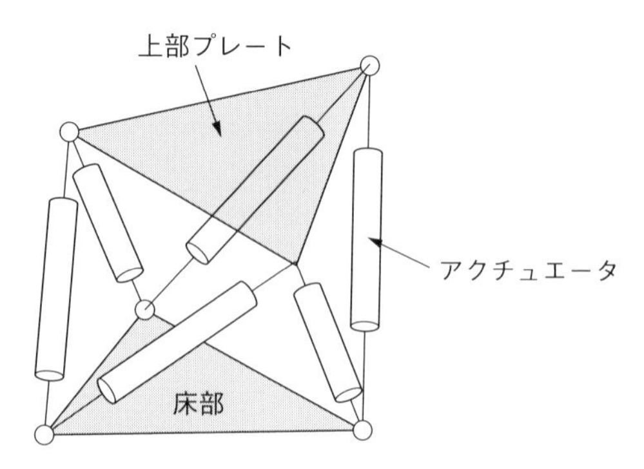

図 10.9　パラレルリンク式モーションプラットホーム

前庭電気刺激：galvanic vestibular stimulation

また，**前庭電気刺激**（GVS）と呼ばれる方法もある．左右の耳の後ろ，頭部乳様突起部と呼ばれる部位に電極を装着し，電極間に5 mA 以下の微弱電流を流したときに，電極の陽極側にバーチャルな加速度を生成させることが可能な電流刺激方法である．この手法を応用すれば，装着者は陽極側に重力加速度方向が変化したように知覚し，つまり自分の身体が傾いたと感じさせることができる[11]．

(e) 歩行感覚の合成

体性感覚を利用して歩行移動感覚を合成する方法として，無限歩行装置と視覚ディスプレイを組み合わせたシステムが提案されている．利用者が歩行動作を行うと，それに合わせて 3 次元映像も移動するため，歩行している感覚を得ることができる．無限歩行装置としては，コンピュータ制御のトレッドミルを利用する方法や，すり鉢状の台の上で足を滑らせる方法（図 10.10）があるが，任意の不整地を合成することは困難である．これに対して，足に追従して動くフットパッドを適切に制御することによって，任意の地面形状を歩く感覚を合成する方法も提案されている（図 10.11）[12]．この方式では，足をフットパッドに固定すれば，搭乗者の足の動きを任意に誘導することが可能となるため，歩行障害がある患者の歩行訓練に応用することができる．

図 10.10　HMD と歩行デバイスを組み合わせた例

図 10.11　歩行感覚合成装置の例
（写真提供：矢野博明）

3. バーチャル世界シミュレータ

バーチャル世界シミュレータは，バーチャルな空間で発生するべき事象をシミュレーションする部分である．例えば，ユーザがボールを投げたときのボールの軌道，鉄橋を列車が通過するときに部材にかかる力といった物理シミュレーションを行うことが多い．ただし，応用分野によっては，人工生命のシミュレーションや，擬人化エージェントにコミュニケーションを行わせる場合などもある．

デジタルツイン：digital twin

また，物理世界の情報をデジタル上でまるで双子のようにそっくりに再現し，分析やシミュレーションなどを行うものを**デジタルツイン**と呼ぶ（図10.12）．デジタルツインは3段階に分けられ，3次元空間にオブジェクトを再現した状態の**デジタルモデル**，続いて物理世界の情報をモニタリングしてVR世界（サイバー空間）に反映させた状態のデジタルシャドウ，さらにその状態から物理世界にフィードバックしたものがデジタルツインとなる[5)]．

VR酔い：cybersickness

バーチャル空間における現象をできるだけ実世界に合うようにするためには，精度の高いシミュレーションが必要である．しかし，一般的に精度を高めようとすると計算時間が増大するため，VRにとって重要な実時間性を損なう可能性もある．計算時間の増大によって生じる遅延や感覚間の不整合性などは，ユーザに**VR酔い**を生じさせることがある．ユーザが正しいと感じる範囲を見極め，適度に計算精度を低くすることも重要である．

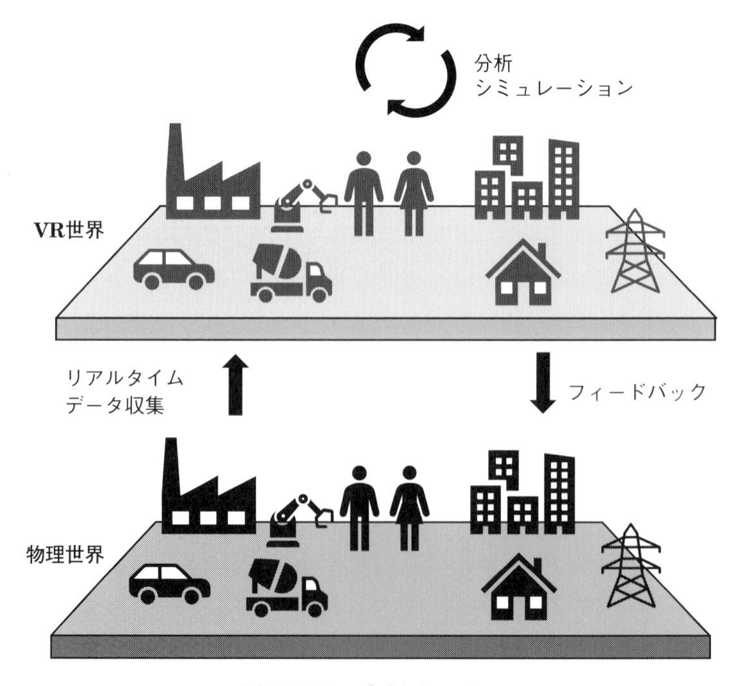

図10.12　デジタルツイン

4. アバタとメタバース

CVE：collaborative virtual environment

ネットワークを介して同時に複数のユーザがアクセスできるVR空間のことをCVEと呼び，遠隔的な会議，共同設計，共同学習，オンラインゲームなどに応用されている．一見，VR技術を利用すれば究極の遠隔共同作業環境が構築できるように思えるが，単なる会話以外の共同作業は，参加者相互の微妙な動作を時間遅れなく観察できることが必要な場合が多い．しかし，現在のVRシステムでは，高度な共同作業を支援しようとすると，細かい事象の再現精度が十分ではなかったり，時間遅れが生じてしまったりする場合が多く，こうした問題の解決が課題となっている．

アバタ：avatar

ソーシャルVR：social VR

CVEのうち特に，ユーザは自分が投射される分身のキャラクタである**アバタ**を使い交流を図ることができるCVEは，**ソーシャルVR**と呼ばれる．一般に，アバタはあらかじめ用意された顔のパーツや輪郭，髪型，体型を組み合わせて，アバタを自由にカスタマイズできることが多く，実際のユーザにそっくりなアバタを作成することだけでなく，あえて実際とは異なる見た目や属性のアバタを用いることも可能である．アバタのもつステレオタイプを利用して，利用者にさまざまな心理的な効果を生じさせるような用途で使われることがある[5)]．

フォトグラメトリ：photogrammetry

実写に近いアバタを作成するには，ユーザの顔を事前にスキャンしたり，さまざまな角度から撮影された画像から3Dモデルを構築する**フォトグラメトリ**と呼ばれる手法を利用したりする方法がある．3Dモデルに骨格，関節の情報を付与し，モデルの形状を変形させることで表情やアニメーションが適応できるようになる（図10.13）．

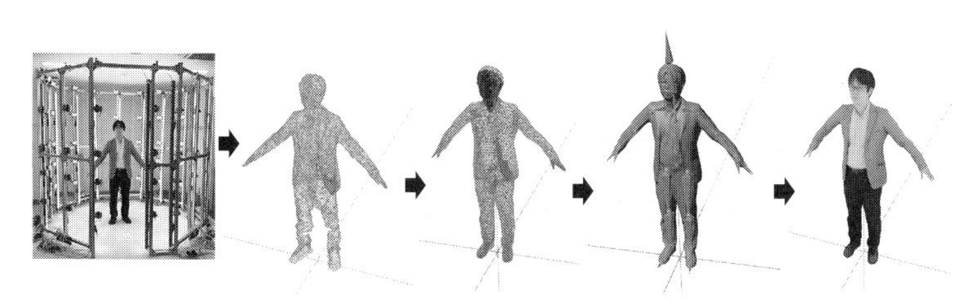

図10.13（口絵13）　フォトグラメトリによるアバタ作成例

メタバース：metaverse

さらに，空間内にオブジェクト（アイテム）を創造することができるものは**メタバース**と呼ばれる．メタバースは他者アバタやコンテンツとの距離でユーザが参加するレベルを選択するメディアであることが特徴である．メタバースの定義は現段階では安定していないが，「多人数が同時にオンラインで社会的活動が可能な3Dバーチャル空間」が，合意のとれている一つの定義である[5]．前述のデジタルツインは，物理世界の忠実な再現が目的だが，メタバースにはそうした制約がない．そのため，メタバースでは経済活動を含め，さまざまな活動がオンライン上で実現でき，物理世界ではできないことがバーチャルに実現できると期待されている．

10.2　オーグメンテッドリアリティ

一般的なGUIや多くのVRが依拠しているのは，コンピュータの世界を実世界に近づけ，ユーザがコンピュータの中だけで作業できるようにしようとする考え方である．これに対して，実世界にコンピュータの情報を重ねて提示することによって，実世界をよりコンピュータに近づける，あるいは実世界を増強・拡張することによって，実世界での作業を支援しようとする考え方を**オーグメンテッドリアリティ**（AR）という．

オーグメンテッドリアリティ：augmented reality

1．情報の合成

実世界に重ねる情報は聴覚情報や嗅覚情報であってもよいが，ほとんどの場合は視覚情報を用いる．視覚情報を重ねる方式は図10.14のように分類することができる．実世界からの光にCGを重ねる方法には，図10.15に示したようにハーフミラーを利用する方法と，透過型の表示画面を利用する方法がある．**光学シースルー方式**は，図10.15(a)に示すように光を透過するHMDで実世界を眺め，これにCGを重ねて見る方式である．光学シースルーの問題点は，実世界と重畳される映像との間に数msから数十msの範囲で表示の遅延が生じることや，重ね合わせの位置精度に誤差が生じることが多い点である．そのため，CGが実世界上の適切な場所に表示さ

光学シースルー：optical see-through

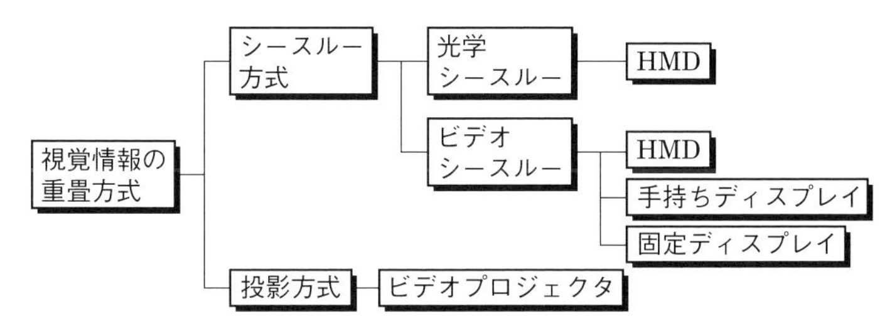

図 10.14　視覚情報の重畳方式

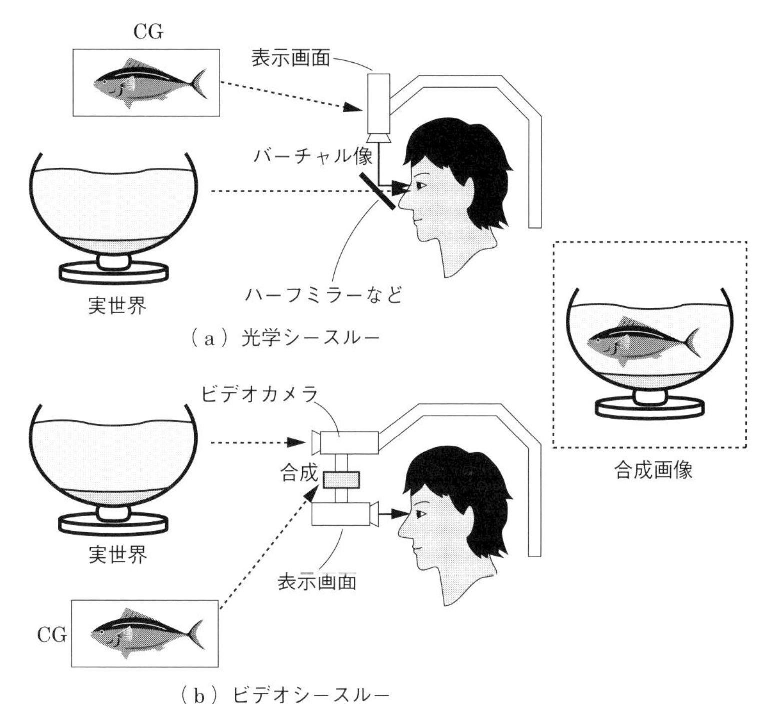

図 10.15　2つのシースルー方式

れなくなる可能性が高い．

ビデオシースルー：video see-through パススルーとも呼ばれる．

これに対して，図 10.15（b）の**ビデオシースルー方式**は，実世界からの光を一度カメラで撮影し，これに CG を合成してから画面に表示する方式である．具体的には，ビデオシースルーは，HMD に小型のビデオカメラを搭載する方法，カメラを搭載した小型のディ

図 10.16　スマートフォンの位置情報 AR アプリの例

スプレイを手で持つ方法[13)]，通常の固定ディスプレイを利用する方法とがある．ビデオシースルーでは，実世界の映像と CG が同一画面上に表示されるため，光学シースルーのように表示位置にずれが生じることはない．しかし，ディスプレイを通して実世界を見るため，カメラの光軸とユーザの視線方向が一致するような頭部への固定が必要であることや，肉眼で見るよりも画素数やコントラストが劣るという問題がある．

HMD を使う場合は頭を向けて見るという自然な動作を利用できるという利点があるが，実世界を低い画質でしか見ることができないという問題がある．

スマートフォンやタブレットのような手持ちディスプレイを使う方法は，眼を塞がず，頭を動かすよりも自由にさまざまな場所にカメラを向けることができるという利点があるが，システム利用中は少なくとも片手でディスプレイをもたなければならないため，両手を使う作業ができないという問題点がある（図 10.16）．

固定ディスプレイを利用する方法は，HMD や手持ち式ディスプレイよりも画質のよい大型のディスプレイを使うことができるという利点がある．ただし，カメラもディスプレイも固定して設置されるため，空間内の決められた場所に対してしか利用できない．

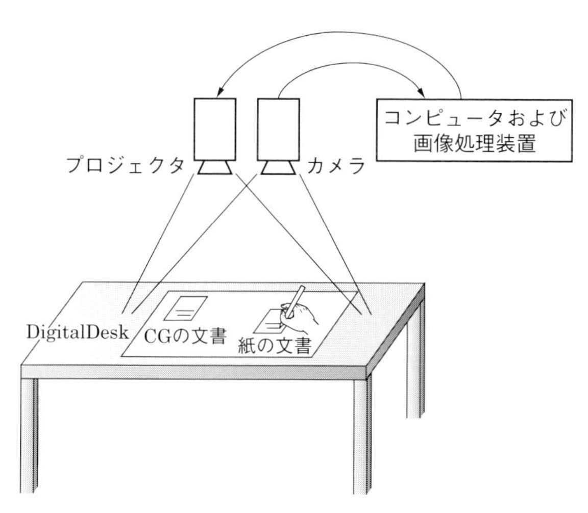

図 10.17 DigitalDesk の構成
(文献 14) より一部改変)

投影方式は，ビデオプロジェクタで実世界に直接 CG を投影する方式である．プロジェクタは手に持つことや，頭や肩などに装着して使用することもできるが，多くの場合，環境に固定する．DigitalDesk[14] は，この方式の先駆的な例である．図 10.17 に示したように，机の上にはビデオプロジェクタとテレビカメラが設置されている．ビデオプロジェクタはコンピュータのビデオ出力に接続され，机の上に CG の文字や絵を投影する．テレビカメラは机の上の様子を撮影し，それをコンピュータが画像処理することによって，紙に描かれた文字や絵の読込み（文字は認識可能）と手振りの認識をすることができる．例えば，スプレッドシートで購入物品の集計をすることを考えよう．まずユーザは，コンピュータが机上に投影したスプレッドシート画面の横に紙のレシートを置く．次に，入力すべき数値を指し示すと，その数値がそのスプレッドシート上のセルにコピーされるのである．DigitalDesk は，実際の紙やペンを使った作業を支援するという机本来の機能をそのままに，コンピュータでその機能をさらに拡張しているのである．

投影方式では，投影面として机に加えホワイトボードや壁面を利用することも多い．シースルー方式と違い，対象物を肉眼で見るこ

プロジェクションマッピング：projection mapping

とができて，しかも装置をもつ必要がないという利点がある．その一方，映像を投影する面が白色または白色に近い平らな面ではない場合は，投影像を工夫する必要がある．例えば，屋外建造物への**プロジェクションマッピング**では，凹凸のある壁面に投影を行うことが多いため，投影対象にキャリブレーションパターンを投影したものをカメラで撮影するようなキャリブレーション作業を行い，投影する映像を補正している．また，複数のプロジェクタを用いる場合，プロジェクタ間での色補正も必要である．プロジェクションマッピングの応用としては，顔に化粧を施したようなプロジェクションマッピングや，床面へのプロジェクションマッピングなどがある．投影する映像を顔の動きに追従させることや，床を歩くユーザの動きに応じて変化させることも可能である．

2. 実空間の認識

ARでは，現実世界の対象物にCGを重畳表示するが，そのためには現実世界にある対象物の種類と位置を認識する必要がある．この方法は，ユーザの位置と観察方向を検出する方法と，対象物自身から情報を読み取る方式に大別される．

GPS：global positioning system

ユーザの位置と観察方向を認識する方式では，磁気センサ，超音波センサ，加速度センサ，ジャイロセンサ，GPS，地磁気センサなどを利用して実環境内のユーザの位置，あるいは情報表示デバイスの位置を検出する．実空間に対するユーザの場所と向きがわかれば，情報を得たい対象物の位置と種類をデータベースから検索して，ユーザに対してその情報を示すことができる．市販の携帯端末の多くには，その位置や向きが検出できるセンサが搭載されているため，こうしたアプリケーションの開発は容易である．

＊SIFTは画像内の特徴点を抽出するアルゴリズムで，スケールや回転に不変な特徴点を検出し，その特徴点周辺の局所的な勾配情報を記述子として表現する．SURFはSIFTを高速化した改良版である．

対象物自身から情報を読み取る方法は，実環境中にマーカ（2次元の画像パターンを利用することが多い）を取り付けておき，それを画像処理によって認識するマーカ方式や，対象物の画像の特徴量（SIFT特徴量，SURF特徴量など）*から対象物を認識する自然特徴方式などがある．これらの方法によって，その対象物の種類およびカメラからの相対的な距離と向きがわかる．図10.18に，2次元バーコードを認識してCGを合成したマーカ方式の例を示す．図10.18左

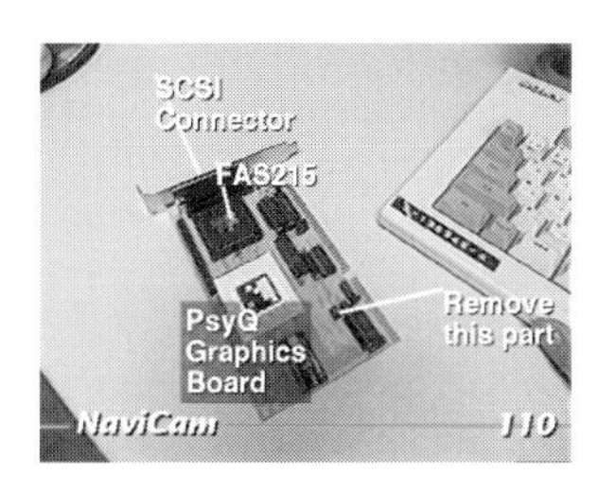

図 10.18　2次元バーコードを利用したARの例
（写真提供：暦本純一）

では，基板の中ほどに貼られているのが2次元マーカであり，引出し線と文字はコンピュータによって重畳されたCGである．図10.18右では，2次元マーカの向きを認識することによって立体的に恐竜のCGを合成している．

LiDAR：
light detection
and ranging

実空間の対象物を3Dモデル化するには前述のフォトグラメトリと **LiDAR** が代表的である．LiDARは，レーザー光を照射して対象物までの距離や形を計測する技術である．近赤外線領域のレーザー光を用いたLiDARが組み込まれたスマートフォンもあり，対象物を3Dスキャンすることが容易になっている．

10.3　ミクストリアリティ

オーグメンテッドバーチャリティ：
augmented
virtuality

ミクストリアリティ：
mixed reality

バーチャリティ連続体：
virtuality
continuum

VRでは，実写に近いCGを生成しようとする研究が進むと同時に，CGによる合成が困難な対象物は，カメラで撮影した実際の対象物の画像をそのまま取り込んで利用するという手法が多く用いられるようになった．このようにバーチャル環境を実画像で拡張する手法や研究をオーグメンテッドバーチャリティ（AV）といい，ARとAVを包含する概念を**ミクストリアリティ**（**MR**）という[15]．図10.19にミクストリアリティの概念（バーチャリティ連続体）を示す．同図が示すようにバーチャル環境と実環境は連続しており，両空間の間にある領域がMRである．MR環境ではバーチャルな対象物と実際の対象物が混在しており，実環境が主体となっているのがARで，バーチャル環境が主体となっているのがAVである．

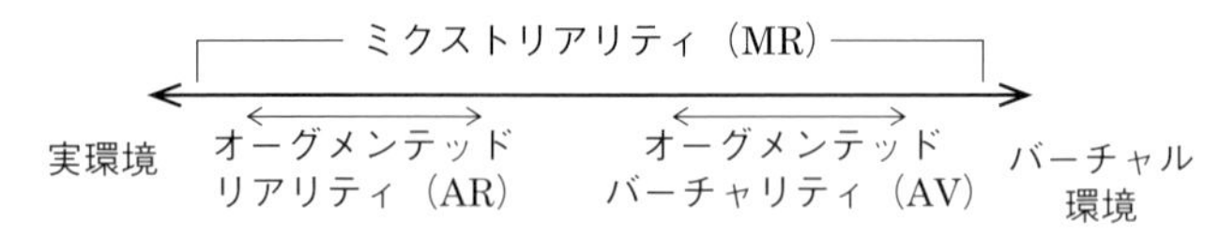

図 10.19　バーチャリティ連続体

AV において，実世界の対象物を VR 空間に取り込むためには，その距離画像（3 次元形状とテクスチャ）を取得する必要がある．距離画像を取得する方法は，パッシブステレオ方式とアクティブステレオ方式に大別される．パッシブステレオ方式は，計測対象物を撮影する際に，環境光のみに依存する方式である．これに対してアクティブステレオ方式は，対象物に対して能動的に特殊な光を照射し，その反射光を計測する方式である．

パッシブステレオ方式では，複数台のカメラに共通して撮影されている点を探索し，その各点について三角測量の要領で奥行きを計算する．この方式では，複数のカメラ画像から対応する点を正確に求めることが課題であり，一般的にアクティブ方式と比べて距離画像の密度は粗く，精度も低い．

構造化光：
structured light

TOF：
time of flight

アクティブステレオ方式では，計測対象に特殊な光を照射するが，これには 3D レーザスキャナ方式，構造化光を照射する方式，TOF カメラを利用する方式などがある．レーザスキャナは，レーザ光をモータ駆動された鏡に反射させて計測対象上を走査し，その反射光を順次計測する．この反射光から距離を求める方式には，三角測量方式と **TOF 方式**があるが，長距離の計測には後者が適している．TOF 方式は，光源からパルス光を送出し，対象物に当たって戻って来るまでの時間を画素ごとにリアルタイムに計測する方式である．また，構造化光を照射する方式では，ドットパターンやストライプ光を照射し，光が当たっている場所の距離を三角測量の要領で求める．

対象物が比較的小さく，計測装置の近くに設置できる場合には，構造化光を照射する方式や TOF カメラが用いられることが多い．建築物や地形のように，対象物が比較的大きく，計測装置から遠距離にある場合には，3D レーザスキャナが用いられることが多い．

図 10.20 人物の立体映像を VR 空間に重畳した例
（写真提供：廣瀬通孝）

一般的に，構造化光方式や TOF カメラのほうが高いフレームレートで距離画像を取得することができる．この特徴を利用して，遠隔地にいる人物をリアルタイムに VR 空間に重畳して，あたかも対面しているかのようにして遠隔コミュニケーションをさせることも可能である[16]（図 10.20）．

10.4 XR 技術の応用

VR や AR，MR のように 2 文字目に「R」の付くものを総称する XR（クロスリアリティあるいはエクステンデッドリアリティ）という用語があり，ワイルドカードを意味する小文字の x で xR と表記されることもある．XR という語は特に，VR とも AR とも断定できないような，それらの複数の特性を備えた場合に積極的に用いられることがある．

現在広く利用できる XR 技術はゲームやテーマパークなどの娯楽への応用が多いが，実際には次の応用分野において研究や実用化が行われている．

- 機械設計
- 建築・意匠設計

- 都市設計，景観シミュレーション
- 科学技術計算
- 乗り物シミュレータ
- 医療
- テレロボティクス
- グループウェア
- 教育・学習
- 情報可視化
- 芸術
- 放送
- 娯楽

ここでは，これらの応用分野に関して少々解説しよう．

まず，各種の設計分野においてXRの果たす役割は大きい．何か物をつくるときにその設計が1度で済むことは少なく，それが製品化されるまでには設計とテストを繰り返しながら徐々に問題点を解決していかなければならない．例えば，自動車の内装デザインでは，実物大のモックアップをつくってみないと，その視認性，操作性，質感などがわからない．ところが，モックアップの製作には時間と費用がかかるため，何度も繰り返して製作するわけにはいかない．このような場合にXRを利用すれば，はるかに短い時間と安いコストでバーチャルなモックアップを製作し，ユーザによるテストを実施することができる．こうした理由から，XR技術による設計支援システムは室内インテリア設計や都市設計などの目的でも利用されている．

さまざまな状況を自由につくり出すことのできるXRは，各種訓練への利用が期待されている．例えば，東京電力では，大規模プラントにおける現場作業の訓練のためのシステムが試作されている[17)]．こうしたシステムでは，自由に緊急事態をつくり出すことができるため，意図的に発生させるわけにはいかないさまざまな状況に対する訓練を行うことができる．これらのシステムは訓練の目的だけではなく，さまざまな状況において人間がどのように行動するかを調査するためにも有効である．例えば，生命工学工業技術研究所では，ドライビングシミュレータにさまざまなセンサを取り付けることによって，ドライバの視線，頭部位置，各種操作を記録して，その行動特性を明らかにしようとしている[18]．以上のように，設計や訓練などにおける実験にXRシステムが利用され始めているが，こうしたテストの結果はXRインタフェース自身の使いやすさの影響も受けてしまうため，その評価には慎重な判断が必要である．

芸術や娯楽などもXRの重要な応用分野である．ここで興味深いのは，冒頭で紹介したartificial realityという言葉はクルーガーが芸術作品を制作する中から生まれてきたということである．彼のVIDEOPLACEという作品では，大型のスクリーンの前に立った参加者の身体の映像が影のようにスクリーンに投影され*，その参加者の動きに反応するバーチャルな生物と遊んだり，バーチャルなボールを投げたりすることができた[19]．また，遠隔地から通信回線を通してその環境に入り込んだ参加者とインタラクションをすることもできた．クルーガーはこの環境の中で，例えば2人の参加者の手が触れ合いそうになると，あたかも実際に触れ合ったかのようにお互いに手を引っ込めるといった行動をとることを見て，現実世界のマナーがコンピュータグラフィックスの世界にもち込まれるということを発見した．すなわち，バーチャルな世界であっても，ユーザの入力に対して適切な因果関係をもった反応が返されれば，人間はそれを現実的な世界として認識するのである．インタラクティブアートについては第11章で詳しく述べる．

*VIDEOPLACEの環境は2D（2次元）であるため，冒頭の定義に従えばこれはXRではないが，それ以外の定義は満たしている．

演習問題

問1　加速度センサなどを搭載したコントローラを使ったビデオゲームはAIPキューブではどのように位置付けられるか，説明せよ．

問2　視覚に立体感のある映像を作成する際に，古典的な赤青メガネ（アナグリフ）の使用を考えた場合の長所と短所を説明せよ．

問3　利用者が使えるアバタを自由に選べないソーシャルVRサービスの長所と短所を説明せよ．

問4　ARで現実世界の対象物にCGを重畳表示するときに，実在感や臨場感を高めるためにCGの描画に注意するべき点を考察せよ．

第11章 人・環境と融合するインタフェース

情報通信機器がいかに世の中に浸透しても，我々の日常生活や仕事において，物理的な実体を組み立てたり操作したりするといった，現実世界における作業がなくなることはない．そこで，人々の現実世界の作業を認識し，支援してくれるようなコンピュータシステムが望まれる．本章では，そうした概念の代表として，ユビキタスコンピューティング，ウェアラブルコンピュータ，タンジブルユーザインタフェース，インタラクティブアートについて学ぶ．さらに，そうした作業における人の意図をシステムが認識し，フィードバックする技術として，ブレインマシンインタフェースと神経刺激インタフェースについても学ぶ．

11.1 ユビキタスコンピューティング

実空間において人が何か仕事をするとき，その作業空間は他の人々と共有していることが多く，たいていの作業はさほど熟練を必要としない．例えば，ホワイトボードを前にした2，3人のミーティングでは，参加者全員がホワイトボードという空間を共有し，何の問題もなくそこに絵や文字を書き込んだり指差しをしたりすることができる．ところが，かつてはコンピュータを使う作業はたいてい私的な空間で行われ，しかもコンピュータを使いこなすためにはそれなりの熟練が必要であった．

ワイザー：M. Weiser

インビジブル：invisible

ユビキタスコンピューティング：ubiquitous computing
"ubiquitous"は日本ではユビキタスとかユービキタスと読むことが多いが，英語の発音としては（"ビ"にアクセントを置いて），ユビクウィタスが近い．

こうした現状に疑問を感じたワイザーは，そこにコンピュータがあるとは感じさせない状態（インビジブル）にしながらコンピュータを至るところに設置し，日常の現実世界での人間の活動を支援しようとする考え方を提案し，これを**ユビキタスコンピューティング**と名付けた[1]．彼によれば，VRはユビキタスコンピューティングとは正反対の考え方である．VRがユーザをコンピュータがつくり出した世界の中で活動させようとしているのに対して，ユビキタスコンピューティングはユーザとコンピュータを共に実世界に置こうとしているからである．

この考え方に基づいて開発されたシステムの一つにParcTabがある．これは，ペンによる入力が可能な，手のひらに収まる程度（約10 cm×8 cm）のコンピュータであり，まるで手帳のように常に携帯して，あらゆる場所で誰でも簡単に使えるようにすることを目指したものである．ParcTabは，建物内の至るところに配置された送受信機と常に赤外線通信を行うことによって，部屋の温度をユーザの好みに応じて自動的に設定したり，各ユーザが建物内のどこにいるのかをシステムが検出したりして，電話を自動的に転送することができた．このようにして，環境に埋め込まれたコンピュータが人間の行動を検出し，日常の活動を支援する技術を目指した研究開発が行われた．

11.2 ウェアラブルコンピュータ

ウェアラブルコンピュータ：wearable computer

ウェアラブルコンピュータとは，文字通り衣服を着るかのように身につけてしまうことのできるコンピュータのことで，いつでもどこでも情報を受け取ったり発信したりできるようすることを目指した装置である．図11.1はウェアラブルコンピュータを機器の保守に利用している例である．頭に取り付けられているのは片目用のHMDで，ここに機器の設計図や保守のマニュアルが表示される．腰にはコンピュータ本体が取り付けられている．両手が自由に使え

図 11.1　ウェアラブルコンピュータの例

るので，ユーザはこの装置を使いながらさまざまな作業ができる．

ウェアラブルコンピュータの目的は，ある作業に対する人間の能力を拡張することである．したがって，単にコンピュータが小さくなって持ち歩けるようになっただけで，それをウェアラブルコンピュータと呼べるわけではない．マンは，ウェアラブルコンピュータは**恒常性**，**増幅性**，**介在性**をもつと定義している[2]．

マン：S. Mann

恒常性：constancy

増幅性：augmentation

介在性：mediation

恒常性とは，システムが常に“オン”でいつでも使える状態（あるいはいつでも情報処理をしている状態）になっていなければならず，システム利用に際してのオーバーヘッドが生じてはいけないということである．増幅性とは，ユーザの仕事に対する能力を増幅するということである．従来のコンピュータが，それを使わせること自身が主たる目的であったのに対して，ウェアラブルコンピュータはユーザが行う何かほかの作業を補助することが役割なのである．介在性とは，我々が衣服を着るかのようにユーザを情報的に包み込み，ユーザ自身の情報と外界の情報との間に介在するということである．そのためには，システムとユーザとが緊密に共働できなければならない．ウェアラブルコンピュータはユーザが必要とする情報のみを抽出して受け入れ，ユーザから発信される情報を制限してプライバシーを守るためのフィルタとしての役割を果たすのである．

共働：synergy

11.3　タンジブルユーザインタフェース

現在一般的に普及しているコンピュータの入出力インタフェースは，ほとんどがデスクトップメタファに基づいた GUI である．ところが，実世界において我々人間は，数千年前から，手で触って操作することのできる物理的な実体を使ってさまざまな情報を操作してきた．そのため人間は実物体の取扱いが得意であるといえよう．しかしながら，コンピュータのインタフェースは，ほとんどの場合キーボードとマウスに限られており，これらは必ずしもどのユーザにも扱いやすいとはいえないだろう．これに対して，触ることができる実物体でコンピュータを簡単に操作できるようにしようとする，**タンジブルビッツ**という概念が提案された[3]．タンジブルとは“触れて感知できる，有形の，理解できる”といった意味である．

タンジブルビッツ：tangible bits

例えば，mediaBlocks[4]は，小さな木のブロックを記録メディアとして利用するシステムである．各ブロックには特殊なデバイスが組み込まれており，システムはそのデバイスと通信して，そのブロック固有の ID を識別することができる．例えば，ビデオカメラにブロックをセットして映像を撮影すると，映像情報がそのブロックに関連付けられる．こうしていくつかのブロックに異なる映像を関連付けた後，それらのブロックを並べると，一連の映像がブロックを並べた順番で再生される．映像の順番を入れ替えるには，単にブロックを手で並べ替えればよい．このように実物体を使うことによって，並べ替えという作業を人間にとって直感的で熟練した動作で実現できる．

実物体を扱うことのもう一つの利点は，それを扱う動作が行為者の意図を表しているという点である．例えば，何人かで協力して機械の組立てをする場合，ある人がドライバを持てば，これからネジを締めようとしていることが容易に予想できる．すると，それを見た人が作業しやすいように部品を支えてあげるといったことがスムーズに行われるようになる．こうした実物体のもつ特性を子どもの共同学習に応用しようとする試みも行われている．例えば，アルゴブロックは 1 辺 10 cm 程度のブロックを使った共同学習システム

アルゴブロック：algoBlock

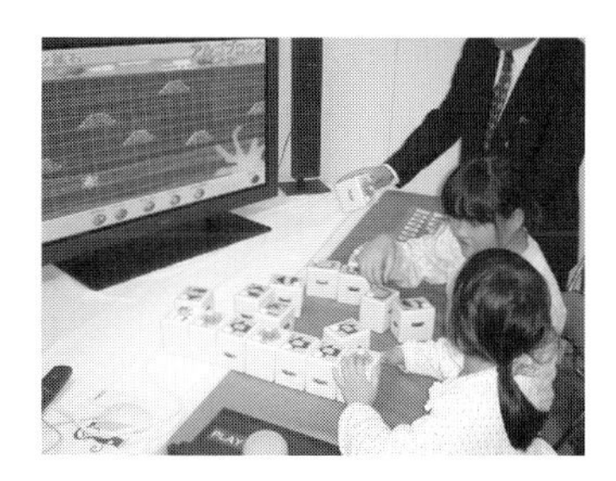

図 11.2　アルゴブロック
（提供：NEC ソリューションズ市場開発推進本部）

である[5]．各ブロックにはプログラミング言語の各種コマンドが割り当てられ，ブロックを適当な順序で並べることによってプログラムを製作することができる（図 11.2）．コンピュータはブロックの接続関係を認識できるため，製作されたプログラムは直ちにディスプレイ上で実行され，プログラミングの結果を確認することができる．普通であればプログラムはキーボードのみでつくられるため，複数人による同時並行的なプログラミングや，キーボード入力をしている生徒が何を意図しているのかということを知るのは困難である．これに対して，ブロックを利用する場合には，空間的に異なる場所に立つことによって，プログラムの異なる部分を自然に並行してつくることが可能である．また，どのブロックを手にしたかを見ることによって，どのようなプログラミングをしようとしているかがわかる．

タンジブルユーザインタフェースの課題の一つは，コンピュータ内の計算をどのような実物体のどのような操作に割り当てるかということである．コンピュータの動作が，その実物体の操作から容易に想像できるものでないと，かえって使いづらいインタフェースとなる可能性もある．また，技術的な課題としては，実物体に対する操作をどのようにしてコンピュータで検出するかということが挙げられる．実物体としての使いやすさを損なわない方法での検出が求められることが多いため，実物体に対する配線をなるべくなくす技術の開発が望まれている．

11.4　インラクティブアート

インタラクティブアートとは，作品と観客による双方向の対話や，作品に対する観客の参加によって成立・完成するアート作品のことである．彫刻作品などの静態展示では，作品の中や上や周りを観客に歩きながら鑑賞してもらう例が該当する．電子技術や情報技術を使った作品は，コンピュータ技術を活用したメディアアートの一種と位置付けられることもある．例えば，観客の動きや熱などをセンサで取得して，それらに反応させるものや，音声や身振りなどの自然な働きかけに対してコンピュータを応答させる場合が多い．インタラクティブアートのアーティストは，ユーザ入力の新たなインタフェースや技法，情報表示の新たな形態やツール，人間どうしや人間と機械の通信の新たなモード，対話型システムの新たな社会的コンテキストを早くから採用してきた．

第 10 章で紹介した VIDEOPLACE（図 11.3）[6] は，インタラクティブアートにおけるエポックメイキングな作品であり，インタラクティブアートの先駆者の一人であるクルーガーによって 1975 年に制作された．これはビデオカメラを使ってリアルタイムに観客のシルエットを画像解析し，スクリーン上のシルエットに沿ってさまざまなエフェクトをかける作品である．ほかにもメディアアートを制作してきたアーティストによって，インタラクティブ性に重きが置かれた作品が登場した．1995 年に岩井俊雄によって発表された「映像装置としてのピアノ」は，鑑賞者がトラックボールを操作してスクリーン上に光の点を描画すると，その光がスクロールする．やがて，その光がピアノに到達すると，本物のピアノの鍵盤が動き，演奏する．映像と音楽を一緒に操る，楽器であり映像装置である作品である．この作品では坂本龍一とのコラボレーションパフォーマンスも行われた．

近年では，チームラボやライゾマティクスに代表されるような，企業の形態で大規模な装置や常設の展示施設を使ったインタラクティブアートを手がけるアーティスト集団が多く活躍している．

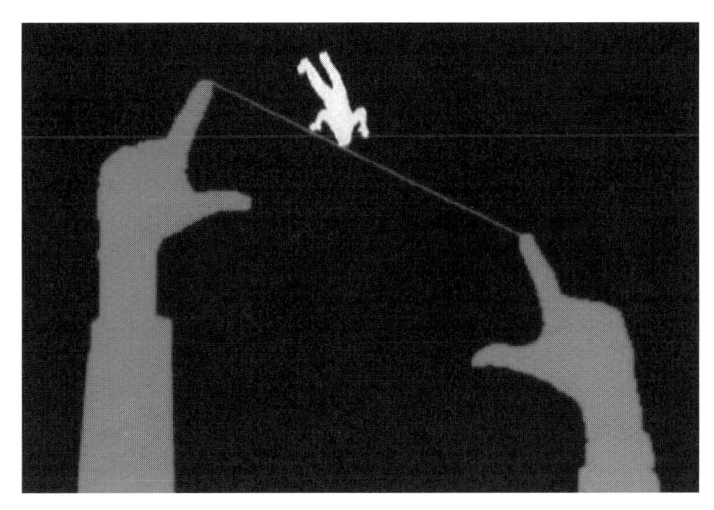

図 11.3（口絵 14） VIDEOPLACE[6]

11.5 ブレインマシンインタフェース

BMI：brain-machine interface

BCI：brain-computer interface

ECoG：electrocorticogram

手足や感覚器官を介さずに，脳からの情報を機械やコンピュータと直接つなぐことで，脳そのものを機器の操作や意思の伝達のための入力インタフェースとして使うことができる技術が研究開発されている．これらは**BMI**（ブレインマシンインタフェース）や**BCI**と呼ばれ，コントローラを用いずに操作する方法として注目される．脳活動を計測するには，脳に直接針電極などを刺して神経の電気活動を記録する方法（侵襲計測）と，脳に不可逆的な変化を与えずに計測する方法（非侵襲計測）がある．侵襲計測では，脳に直接電極を挿す埋込み電極や，脳表面を覆っている硬膜上に電極を配置する**ECoG**（皮質脳波計測）などがあり，脳からの信号を直接的に取得できるため，時間・空間分解能の高い情報を取得できるメリットがある．一方，デメリットとして，何らかの手術が必要になり，物理的な外傷を伴うため，受容性が低いことがある．

非侵襲計測では，ヘッドギアを被ったりスキャナの中に入ったりすることで，脳活動を計測する．代表的なものとして，頭部の電気

EEG：electroencephalography

fMRI：functional magnetic resonance imaging

的な信号を検知する脳波（**EEG**）計測，脳の酸素代謝に関わる信号を検知する機能的磁気共鳴画像法（**fMRI**），近赤外線分光法（NIRS）が挙げられる．非侵襲計測は侵襲計測よりも時間・空間分解能が大幅に低くなるが，身体へのリスクがほとんどなく，利用しやすいというメリットがある．ただし，脳波計測ではノイズ対策も必要で，適切に信号処理されないと誤作動の原因となる．代表的なものに電源ノイズ（50/60 Hz）や体動ノイズ（まばたきや体の動き）などの**アーチファクト***がある．

＊体動や電気機器などの不具合などによって混入するノイズのこと．

各計測技術にはそれぞれメリットとデメリットがあり，目的に応じて適切に使い分けることが必要となる．非侵襲型において，空間解像度はfMRIが本書執筆時点で最も高い．fMRIは，人体の断面を撮像するMRIの技術を用いて，脳内の血流を可視化する手法である．fMRIの基本原理となっているのは**BOLD**効果である．血液中のヘモグロビンと酸素との結合状態によって，そのヘモグロビンの磁化率が変化することを利用し，酸素化ヘモグロビンの濃度変化がもたらすMRI信号強度の変化から脳のどの部位が活動しているかを推定する．MRI信号が増大するタイミングは神経活動と同時ではなく，血流の増加に伴って神経活動から1～2秒遅れて始まり，ピークまで数秒かかる．そのため，fMRIの時間分解能は高くない．近年では，抽出したい情報と計測された脳活動との対応関係を機械学習によって情報解読する手法も研究されている．

BOLD：blood oxygenation level dependent

こうした脳活動計測を解析して，車椅子の前進後退や回旋といった操縦を行うBMIが提案されている．また，ロボットアームを動かしたり，VR空間のアバタを操作したりするBMIも提案されている．

11.6　神経刺激インタフェース

脳や神経を刺激するには，前節の脳活動計測の際の分類と同様，脳や神経束に直接針電極などを刺して神経の電気活動を記録する方法（侵襲刺激）と，脳に不可逆的な変化を与えずに計測する方法（非侵襲刺激）がある．

侵襲刺激には，頭蓋骨に穴を開けて直接電極を挿入する埋め込み電極やECoG電極から直接脳に電気刺激を与える方法がある．また，人工網膜や人工内耳などの感覚代行装置として実用化されているものもある．人工網膜では，カメラ付きの眼鏡で撮影した映像を，神経細胞に電気信号として伝える電極チップを用いる．また，人工内耳は，基底膜上の異なる周波数の共振箇所に複数電極を配置して，音振動を電気変換する有毛細胞の働きを電気刺激によって代替する．そのため，補聴器では改善しない感音性難聴に対しても有効である．

TCS：transcranial current stimulation

非侵襲刺激とは，生体外から刺激を与える手法で，針電極や埋込みではなく，皮膚の表面に貼られた電極などから刺激するものである．人間への非侵襲脳刺激法のうち電気を用いたものとして，経頭蓋電気刺激（TCS）がある．TCSは，脳機能研究のツールとして1〜2 mAの微弱な電流を用いるもので，刺激電流波形や刺激皮質領域によって，異なる脳機能を増強，改善できる可能性が示されている．TCSのうち，直流で電気刺激を行うことを経頭蓋直流電気刺激（tDCS）と呼ぶ．頭皮に貼付した2つ以上の電極から流れる微弱な直流電流により，電極下の皮質神経細胞の膜電位を変化させる方法で，TCSは頭皮に貼付した電極を介して脳を刺激するため，リハビリテーションのような身体動作を伴うタスクと併用しやすい．

TMS：transcranial magnetic stimulation

経頭蓋磁気刺激（TMS）は，非侵襲的に中枢神経や末梢神経を刺激する手段である．蓄電された大容量のコンデンサから，頭部表面上に置いたコイルに急速に放電して急激な変動磁場を発生させる．このとき，コイルの平面に直交するように磁場が生じ，この磁場は生体組織で減衰することなく頭蓋骨の下の脳組織に到達する．ファラデーの電磁誘導の法則によって，コイルに流した電流が作る磁場とは逆方向の磁場を生じるように，同心円状の渦電流がコイル直下の脳に誘導される．この渦電流が大脳皮質の錐体細胞・介在細胞や軸索を刺激すると考えられている．TMSの利点は，非侵襲でかつ高い時間分解能で一時的に脳機能に干渉できることである．そのため，人間を対象とした基礎神経科学分野の研究だけでなく，パーキンソン病やうつ病の治療，脳梗塞後の機能回復用途といった臨床応用に至るまで幅広く利用されている．

ほかにも，筋への電気刺激によって筋収縮させ，ユーザの姿勢変化を誘導し，さまざまな手技を学習させることに用いられる技術がある．また，口腔内に電気刺激を与え，塩味や甘味を強めたり弱めたりする技術がある[7]．

演習問題

問1　「ウェアラブル」と称されているいくつかの商品や携帯電話について，ウェアラブルコンピュータといえるかどうかを考察せよ．

問2　インラクティブアートの作品を30年後に残すには，技術的にどのようなことが問題になるかについて考察せよ．

問3　BMIの誤作動によって発生した事故に対して誰がどのように責任をとるべきかについて考察せよ．

演習問題略解

第１章　ヒューマンコンピュータインタラクションとは

問１　インタラクションは複数のモノの交流や相互作用のことである．一方，インタフェースは性質の異なるモノが接する面であり情報交換の手段である．すなわち，性質の異なるモノのインタラクションは，適当なインタフェースを通して行われる．

問２　物理特性：操作するのに大きな力が必要である，表示が小さすぎるなど．

認知特性：操作手順が覚えにくい，スイッチの場所がわからないなど．

問３　バッチ方式から逐次対話方式に進展したことで，対話速度が上がり結果をすぐ得られるようになった．直接操作方式では文字だけではなく画像の処理が容易となり，自然な対話方式では音声や動作なども使えるなど，コンピュータとの対話に使えるメディアが増えた．

第２章　人間の感覚と知覚

問１　人間が感じる重さと重量の関係，人間が感じる明るさと光の強度の関係など．

問２　人間が感じる音の高さと音の周波数の関係，皮膚に置かれた物体の冷たさと温度の関係，電気刺激の強さと痛みの関係など．

問３　道路の表面に描かれた減速帯や立体的に見える道路標示，錯視を取り入れた絵画やオブジェクト，遠近法を利用して空間を広く感じさせるデザイン，みかんやオクラを鮮やかに感じさせる色のネットなど．

問４　(a) 心電図のRR間隔が短くなる，瞬時心拍率が上昇する，動脈血圧が上昇する，呼吸が早く浅くなるなどの様相が見られることが多い．

(b) 瞬きの波形の周波数が低下する，皮膚インピーダンス水準（SZL）が上昇するなどの様相が見られることが多い．

第3章　人間の認知と理解

問1　ディスプレイ上に例えば（A，a，B，b）の4つの文字から重複を許して2つを選び表示する．そして，「提示された2つの文字が物理的に一致するかどうか」（例えば，AとAは一致，これは物理的一致課題と呼ばれる），「提示された2つの文字が同じ文字かどうか」（例えば，Aとaは一致，これは名称一致課題と呼ばれる）について，それぞれ表示されてからスイッチを押すまでの反応時間を計測する．このときの認知過程を情報処理モデルで考えると，前者は「短期記憶貯蔵の刺激を，短期記憶に入れ，一致するかどうかを決定し反応する」であり，後者は「短期記憶貯蔵の刺激を，短期記憶に入れ，長期記憶で文字名を探した後，一致するかどうかを決定し反応する」となるため，後者の時間から前者の時間を引き算すれば，長期記憶の探索時間が計測できる．

問2　グラフは各自で描いてほしい（典型的な対数関数の曲線になる）．1段階のメニューにおける所要時間は，$200+150\log_2 16=800$ ms，2段階のメニューにおける所要時間は，$200+150\log_2 4+200+150\log_2 4=1\,000$ msと見積もれる．ポインティングデバイスで操作する場合には，さらにこれにフィッツの法則*による移動時間を加える．

*第5章5.3節6項参照.

問3　模範解答はない．各自で考察してほしい．「デザインの敗北」や「バッドUI」という言葉で検索すると，使いづらいデザインやユーザインタフェースについて，興味深い事例が見つかる．また，意図的にユーザに不利益な操作をさせる「ダークパターン」の中には，ユーザインタフェースに関するものも含まれる．

問4　①正しい様式で印刷された文書を取得する目標を設定する．②プリンタで印刷することを考える（立案）．③印刷メニューを開き，プリンタと用紙サイズを選択し，印刷ボタンを押す手順を考える（詳細化）．④その手順を実行する．⑤印刷された文書を見る（知覚）．⑥文書の用紙や様式を理解し，結果を解釈する．⑦目標と比較して結果を評価する．

問5　自分の操作が直ちに想定どおりに作用しているとユーザに感じさせることが重要である．そのために，システムの状態を適切に可視化し，操作に対して即時にフィードバックを与えることが望ましい．

第４章　インタラクティブシステムのデザインと分析・評価

問１　対象物そのものや，対象物に関する説明書などから，概念モデルを構築する．そして，そのモデルに基づいて対象物を操作し，その操作結果から必要に応じてモデルを修正する．

問２　エラー回復が容易になると同時に安心感が提供され，まだ使用したことのない機能や操作に対するユーザの試行錯誤が容易となる．

第５章　入力インタフェース

問１　以下に，標準入力からテキストを読み込み，各文字の出現回数を数えるCのプログラムの例を示す．この結果を利用するかプログラムを改造して，各指・各段の回数を集計すればよい．

```
#include <stdio.h>
#include <ctype.h>

static int count[128];

int main(void) {
    int ch, n = 0;

    while ((ch = getchar()) != EOF) {
        if (isgraph(ch)) {
            count[ch]++;
            n++;
        }
    }
    for (ch = 0; ch < 128; ch++) {
        if (isgraph(ch))
            printf("%c, %d, %4.2f\n", ch, count[ch], count[ch] * 100.0 / n);
    }
    return 0;
}
```

問２　各自で読者が例を探して考えてほしい．特に表計算ソフトウェアはソフトウェアから入力が提案される機能がよく用いられている．最近は，ソフトウェア開発環境でも，生成AIによってコード例を提案する機能が提供されている．

問3　2ボタン以上のマウスでは，右利きの人差し指に対応する左ボタンが多用される．これを左手で使う場合，左ボタンは人差し指よりも扱いづらい中指や薬指で押すことになり不便である．そこで，ソフトウェア的に右と左のボタンを入れ換えることが行われている．また，人間工学などによって左右非対称にデザインされたマウスでは，右手用とは鏡像の関係にある形状の左手用が販売されていることがある．

問4　フィッツの法則の困難度指標は $\mathrm{ID}=\log_2(D/W+1)$ であるので，ターゲットまでの距離 D の値を増やすか，ターゲットの大きさ W の値を減らせば，困難度（処理時間）が上がる．D の値を増やすためには，連続して出現するもぐらの位置を離すか，盤面自体を広げればよい．W の値を減らすためには，もぐらの大きさを小さくするか，当たり判定の範囲を小さくすればよい．

問5　回転角 θ は，ベクトル $\boldsymbol{p}=\overrightarrow{\mathrm{P_1P_2}}=(x_2-x_1,\ y_2-y_1)$ と $\boldsymbol{q}=\overrightarrow{\mathrm{Q_1Q_2}}=(X_2-X_1,\ Y_2-Y_1)$ の成す角であり，内積の公式 $\boldsymbol{p}\cdot\boldsymbol{q}=|\boldsymbol{p}||\boldsymbol{q}|\cos\theta$ を使って，$\theta=\cos^{-1}(\boldsymbol{p}\cdot\boldsymbol{q}/|\boldsymbol{p}||\boldsymbol{q}|)$ となる．回転の向きは，例えば外積 $\boldsymbol{p}\times\boldsymbol{q}=(p_x q_y-p_y q_x)$ の符号で判別することができる．拡大率 a は，$\boldsymbol{p}$ と $\boldsymbol{q}$ の大きさの比であり，$a=|\boldsymbol{q}|/|\boldsymbol{p}|$ と表される．式の意味は，$\mathrm{P_1}$ を原点とするように全体を平行移動した後，原点を中心に回転と拡大縮小を行い，原点（$\mathrm{P_1}$）を $\mathrm{Q_1}$ の位置に移すように全体を平行移動する変換である．

第6章　ビジュアルインタフェース

問1　1ピクセル当たり光の三原色と α チャンネルで合計32ビット，すなわち4バイトが必要である．よって，総バイト数は $3\,840\times2\,160\times4=33\,177\,600$ バイトとなり，約32 MiB（$1\ \mathrm{MiB}=2^{20}$ バイト）の記憶容量が必要である．

問2　略解として文章で説明する．コマンドラインインタフェースでは，キーボードから「attack dragon」のように文字列の命令文を入力する．メニュー選択インタフェースでは，「戦う」「魔法」「逃げる」のようなメニューから行動を選択する．直接操作インタフェースでは，モンスターの画像を直接クリックするなどして攻撃する．

問3　長所は，どの項目を選択するのにも，マウスの移動距離が同じで済むことである．また，よく使う項目の中心角を大きくすることで，ほかの項目よりも目立たせて選択しやすくすることができる．
短所は，我々が日常的に目にしている一覧表と形が異なるので，ユーザにとって不慣れな点である．実際のシステムでは，パイメニューはあまり使われていない．

問４ 模範解答はない．各自で考察してほしい．なお，クイズゲームや学習ゲームの演出は参考になる．例えば，花火のような視覚的な演出や効果音，ポイント（累積得点）やバッジによる報酬，スコアボードによる競争促進などである．このような演出要素は，ユーザの意欲向上が期待できるが，本質的には必要がない機能であるため，操作の効率性を低下させる要因となり得る．

問５ 下記は，p5.js を使用したプログラムの例である．https://editor.p5js.org に入力して実行することができる．このプログラムでは，タイトルとボタンと結果からなる画面を構成している．また，ボタンが押された場合と離された場合のイベントハンドラを関数として定義し，それぞれボタンの動作として登録している．

```
let label1, button1, label2;
let kujiList = ['大吉', '吉', '中吉', '小吉', '末吉', '凶', '大凶'];

function setup() {
  createCanvas(300, 400);
  noLoop();

  label1 = createDiv('おみくじ');
  label1.position(50, 50);
  label1.style('width: 200px; text-align: center; font-size: 50px;');

  button1 = createButton('引く');
  button1.position(75, 170);
  button1.style('width: 150px; text-align: center; font-size: 30px;');
  button1.style('box-shadow: 0 2px 4px rgba(0,0,0,0.3);');

  label2 = createDiv();
  label2.position(75, 280);
  label2.style('width: 150px; text-align: center; font-size: 50px;');

  button1.mousePressed(button1_Pressed);
  button1.mouseReleased(button1_Released);
}
```

```
function draw() {
  background(255, 200, 200);
}


function button1_Pressed() {
  button1.style('box-shadow: 0 0px 0px;');
  label2.html('');
}

function button1_Released() {
  button1.style('box-shadow: 0 2px 4px rgba(0,0,0,0.3);');
  let result = random(kujiList);
  label2.html(result);
}
```

第７章　ビジュアルデザインとビジュアライゼーション

問１　模範解答はない．なお，時代によってGUIの外観のデザインには流行があっても，本質的なGUIの構成は変化が少ないことが確認できる．操作方法に関しては，PCでマウスを使うアプリケーションでは大きな変化はないが，スマートフォンなどでタッチを使うアプリケーションではより直接的な方法が生まれている．

問２　模範解答はない．この問題に取り組んでいる人が周りにいる場合は，お互いのデザインをレビューして意見を交換してみよう．UIデザインでは，まず誰がどのようなときに使うソフトウェアか，それにふさわしい情報が提示されているかが大切である．そのうえで，デバイスによる画面サイズの違いやマウスとタッチによる操作精度の違いがよく考慮されているかがポイントである．特に，PC向けのソフトウェアでは，十分に広い画面を活用しているだろうか．

問３　模範解答はない．この問題に取り組んでいる人が周りにいる場合は，お互いのデザインをレビューして意見を交換してみよう．実際に使用する場面を想定して情報の提示順序や選択構造をデザインしたか，そして実際に使用する手順を考えて操作の流れを検討したかがポイントである．特に，スマートフォンのほうが一度に表示できる情報量は少ないので，ユーザが迷子にならないように情報を整理して提示することがポイントである．

問4　棒グラフは長さ，折れ線グラフは位置（と傾きの角度），円グラフは角度と面積，帯グラフは長さと面積，散布図は位置を用いている．データを誤認させるグラフは，俗に「詐欺グラフ」と呼ばれることもあるので，検索して調べてみよう．

問5　AND 計算や OR 計算を含むいろいろな機能のレンズを用意すれば，ユーザがそれを自由に検索結果の上にかざしたり，さらにそれらを組み合わせたりすることによって，インタラクティブに情報を検索することができる．ダイナミッククエリーとマジックレンズを組み合わせて，検索結果を動的に絞り込むことができるインタフェースも提案されている．

第8章　コミュニケーションインタフェース

問1　一般的には顔文字や絵文字が使われることが多い．顔文字はキーボードで打てる文字の組合せで作られて，emoticon などと呼ばれる．最初の顔文字は笑顔を表現する「:-)」であるといわれている．絵文字は文字1つ分の大きさにデザインされたアイコンで，日本で発明されたため，英語でも emoji と呼ばれる．

問2　手が塞がっていて機器に手で入力できない．ある対象から目を離すことができず，入力インタフェースを見ることができない．キーボード入力よりも音声入力のほうが速い．機器が小さく，入力ボタン数が限られている．バリアフリーなど．

問3　入力された音声のパラメータである速度，ピッチ，フォルマントを変化させる音声信号処理．特定の人の声の特徴を事前に学習し，その声に近づくように変換する処理が用いられることもある．

第9章　協同作業支援とソーシャルコンピューティング

問1　従来のマルチユーザシステムは，複数のユーザ間の資源配分，ユーザが互いの影響を受けることなく運用される独立性，そしてセキュリティの確保などが重要な問題となる．それに対しグループウェアでは，資源の共有や他人の存在を意識させるインタフェースが必要となる．

問2　協同作業者の存在や行動を認識させることにより，コミュニケーションを滑らかに進めることができ，そのことが質の高い協同作業結果を生むことになる．例えば，視線認識が不可能なWeb会議では誰に向かって話しているかが不明確で，話者交代がスムーズにできず沈黙が生じることがある．

問3　例えば，次のようなものがある．

- 新しい情報が追加された場合，それに対するユーザの評価に関する情報が少ないため，推薦の質が低くなる．例えば，ユーザ評価の平均値を利用した推薦の場合，少人数が意図的に高い評価をすると，推薦順位が上位になることがある．
- レコメンダシステムが複数の情報を推薦する場合，類似のものを選びがちだが，ユーザの目的によっては，多様な選択肢を望む場合がある．
- 傾向が似たユーザに類似の情報を推薦することになるため，エコーチェンバーやフィルターバブルと呼ばれる問題が発生する場合がある．

第10章　XR（クロスリアリティ）

問1　自律性（A）や対話性（I）は高いが，臨場感（P）は小さい．

問2　長所は，元映像から比較的簡単に作成できること，メガネ自体の作成が安く簡単にできること，電源なしでも使えることが挙げられる．短所は，モノトーンになること，メガネをかけていないと像が二重に見えることが挙げられる．

問3　長所はサーバの負荷が小さいことなど，短所は自己投射性が乏しくなることなどがある．

問4　現実世界の床面や壁面を検出し，床や壁にCGの影が投影されるように描画すること，現実世界の光源方向とCGのハイライトや影の方向が一致するようにすること，CGの素材が鏡のように反射する場合，現実世界の映像が映り込むようにすることなどがある．

第11章　人・環境と融合するインタフェース

問1　模範解答はない．ここでは，ウェアラブルコンピュータの要件である恒常性，増幅性，介在性の要件を満たすかどうか考察してみよう．もしウェアラブルコンピュータとはいえないと結論した場合，どうしたらウェアラブルコンピュータにすることができるか，さらに考察してみよう．

問2 記録媒体や記録フォーマットが変更されている可能性があることなどがある．

問3 利用前に同意書を交わして責任を明確にしておく，法的な整備や時代に照らした社会通念に基づくルールが必要である，などがある．

参考文献

■第 1 章

1) 加藤隆：「認知インタフェース」，オーム社（2002）
2) 吉田真編：「ヒューマンマシンインタフェースのデザイン」，共立出版（1995）
3) 情報処理学会編：「情報処理ハンドブック」，オーム社（1997）
4) 田村博編：「ヒューマンインタフェース」，オーム社（1998）
5) D. A. Norman: “The Design of Everyday Things: Revised and Expanded Edition”, Basic Books（2013）（邦訳：岡本明，安村通晃，伊賀聡一郎，野島久雄訳：「誰のためのデザイン？　増補・改訂版　認知科学者のデザイン原論」，新曜社（2015））
6) A. Cooper 著，テクニカルコア訳：「ユーザーインタフェースデザイン」，翔泳社（1996）
7) J. Preece: “Human-Computer Interaction”, Addison-Wesley（1994）
8) 安西祐一郎他：「情報の創出とデザイン」，岩波書店（2000）
9) 椎尾一郎：「ヒューマンコンピュータインタフクション入門」，サイエンス社（2010）

■第 2 章

1) A. Stockman and L. T. Sharpe: The spectral sensitivities of the middle- and long-wavelength-sensitive cones derived from measurements in observers of known genotype, Vision Research, Vol.40, pp.1711-1737（2000）
2) Y. Suzuki and H. Takeshima: Equal-loudness-level contours for pure tones. Journal of the Acoustical Society of America, Vol.116, No.2, pp.918-933（2004）

3） 舘暲，佐藤誠，廣瀬通孝監修，日本バーチャルリアリティ学会編：「バーチャルリアリティ学」，コロナ社（2011）
4） A. B. Vallbo and R. S. Johansson: Properties of cutaneous mechanoreceptors in the human hand related to touch sensation, Human Neurobiology, Vol.3, No.1, pp.3-14（1984）
5） 岩村吉晃：感覚系のモデリング「アクティヴタッチの神経機構」，計測と制御，Vol.41，No.10，pp.728-732（2002）
6） D. Katz: "Der Aufbau der Tastwelt", Leiptig, Barth（1925）（邦訳：東山篤規，岩切絹代訳：「触覚の世界　実験現象学の地平」，新曜社（2003））
7） J. J. Gibson: "The Senses Considered as Perceptual Systems", Houghton Mifflin（1966）
8） M. Ernst, and M. Banks: Humans integrate visual and haptic information in a statistically optimal fashion, Nature, Vol.415, pp.429-433（2002）

■**第 3 章**

1） D. E. Rumelhart: "Introduction to Human Information Processing", John Wiley & Sons（1977）（邦訳：御領謙訳：「人間の情報処理　新しい認知心理学へのいざない」，サイエンス社（1979））
2） P. H. Lindsay and D. A. Norman: "Human Information Processing: An Introduction to Psychology", Academic Press（1972）（邦訳：中溝幸夫，箱田裕司，近藤倫明訳：「情報処理心理学Ⅰ　感覚と知覚」，サイエンス社（1983），「情報処理心理学Ⅱ　注意と記憶」，サイエンス社（1984），「情報処理心理学Ⅲ　言語と思考」，サイエンス社（1985））
3） R. E. Mayer: "The Promise of Cognitive Psychology", W. H. Freeman & Co.（1981）（邦訳：多鹿秀継訳：「認知心理学のすすめ」，サイエンス社（1983））
4） D. A. Norman: "The Psychology of Everyday Things", Basic Books（1988）（邦訳：野島久雄訳：「誰のためのデザイン？　認知科学者のデザイン原論」，新曜社（1990））

5） D. A. Norman: “The Design of Everyday Things: Revised and Expanded Edition”, Basic Books（2013）（邦訳：岡本明，安村通晃，伊賀聡一郎，野島久雄訳：「誰のためのデザイン？　増補・改訂版　認知科学者のデザイン原論」，新曜社（2015））
6） J. Johnson: “Designing with the Mind in Mind: Simple Guide to Understanding User Interface Design Guidelines（2nd Ed.）”, Morgan Kaufman（2014）（邦訳：武舎広幸，武舎るみ訳：「UIデザインの心理学　わかりやすさ・使いやすさの法則」，インプレス（2015））
7） S. K. Card, T. P. Moran and A. Newell: “The Psychology of Human-Computer Interaction”, Lawrence Erlbaum Associates（1983）
8） J. J. Gibson: “The Ecological Approach to Visual Perception”, Houghthton Mifflin Company（1979）（邦訳：古崎敬，古崎愛子，辻敬一郎，村瀬旻訳：「生態学的視覚論　ヒトの知覚世界を探る」，サイエンス社（1985））
9） B. Shneiderman: Direct manipulation: A step beyond programming languages, IEEE Computer, Vol.16, No.8, pp.57-69（1983）
10） E. L. Hutchins, J. D. Hollan and D. A. Norman: “Direct Manipulation Interface”, Chapter 5 in D. A. Norman and S. W. Draper eds., “User Centered System Design”, Lawrence Erlbaum Associates（1986）
11） 西田正吾，佐伯胖：「ヒューマン・コンピュータ交流技術」，オーム社（1991）
12） 田村博編：「ヒューマンインタフェース」，オーム社（1998）

■第 4 章

1） JIS Z 8530:2021：人間工学－人とシステムとのインタラクション－インタラクティブシステムの人間中心設計（ISO 9241-210:2019 の日本語訳）
2） 「ユーザエクスペリエンス（UX）白書」（2011）
https://site.hcdvalue.org/docs（2024 確認）
3） E. L.-C. Law, V. Roto, M. Hassenzahl, A.P.O.S. Vermeeren, and

J. Kort.: Understanding, scoping and defining user experience: A survey approach, Proceedings of ACM CHI '09, pp.719-728 (2009)

4) K. Holtzblatt and H. Beyer: "Contextual Design: Design for Life, Second Edition", Morgan Kaufmann (2016)

5) 奥出直人：「デザイン思考の道具箱　イノベーションを生む会社のつくり方」，早川書房（2007）

6) A. Cooper, R. Reimann, D. Cronin: "The Essentials of Interaction Design", John Wiley & Sons (2007)（邦訳：長尾高弘訳：「About Face3 インタラクションデザインの極意」，アスキー・メディア・ワークス（2008））

7) 東京工業大学エンジニアリングデザインプロジェクト：「エンジニアのためのデザイン思考入門」，翔泳社（2017）

8) D. A. Norman: "The Design of Everyday Things: Revised and Expanded Edition", Basic Books (2013)（邦訳：岡本明，安村通晃，伊賀聡一郎，野島久雄訳：「誰のためのデザイン？　増補・改訂版　認知科学者のデザイン原論」，新曜社（2015））

9) Apple, Inc.: "Human Interface Guidelines", `https://developer.apple.com/design/human-interface-guidelines/`（2024 確認）

10) J. Nielsen and R. L. Mack: "Usability Inspection Methods", John Wiley & Sons (1994)

11) J. Nielsen: Finding usability problems through heuristic evaluation, Proceedings of ACM CHI '92, pp.373-380 (1992)

12) P. G. Polson, C. Lewis, J. Rieman and C. Wharton: Cognitive walkthroughs: A method for theory-based evaluation of user interfaces, International Journal of Man-Machine Studies, Vol.36, pp.71-73 (1992)

13) S. K. Card, W. K. English and B. J. Burr: Evaluation of mouse, rate-controlled isometric joystick, step keys, and text keys for text selection on a CRT, Ergonomics, Vol.21, pp.601-613 (1978)

14) J. Nielsen and T. K. Landauer: A mathematical model of the finding of usability problems, Proceedings of INTERCHI '93

(IFIP INTERACT '93 and ACM CHI '93), pp.206-213 (1993)
15) S. E. Page: "The Difference: How the Power of Diversity Creates Better Groups, Firms, Schools, and Societies", Princeton University Press (2007)
16) D. Schuler and A. Namioka eds.: "Participatory Design: Principles and Practices", Laurence Erlbaum Assoceiates (1993)
17) 福住伸一，西山敏樹，梶谷勇，北村尊義：「事例で学ぶ　人を扱う工学研究の倫理　その研究，大丈夫？」，近代科学社 (2023)

■第 5 章

1) 安岡孝一，安岡素子：「キーボード配列 QWERTY の謎」，NTT 出版 (2008)
2) D. A. Norman: "The Design of Everyday Things: Revised and Expanded Edition", Basic Books (2013) (邦訳：岡本明，安村通晃，伊賀聡一郎，野島久雄訳：「誰のためのデザイン？　増補・改訂版　認知科学者のデザイン原論」，新曜社 (2015))
3) 増井俊之：ペンを用いた高速文章入力手法，田中二郎編：「インタラクティブシステムとソフトウェア IV　日本ソフトウェア科学会 WISS '96」，pp.51-60，近代科学社 (1996)
4) I. S. MacKenzie: "Human-Computer Interaction: An Empirical Research Perspective", Morgan Kaufmann (2013)
5) J. Accot and S. Zhai: Beyond Fitts' law: Models for trajectory-based HCI tasks, Proceedings of ACM CHI '97, pp.295-302 (1997)
6) E. Matias, I. S. MacKenzie and W. Buxton: One-handed touch-typing on a QWERTY keyboard, Human-Computer Interaction, Vol.11, No.1, pp.1-27 (1996)
7) D. Goldberg and C. Richardson: Touch-typing with a stylus, Proceedings of INTERCHI '93 (IFIP INTERACT '93 and ACM CHI '93), pp.80-87 (1993)
8) D. Venolia and F. Neiberg: T-Cube: A fast, self-disclosing pen-based alphabet, Proceedings of ACM CHI'94, pp.265-270 (1994)

9) J. Mankoff and G. D. Abowd: Cirrin: A word-level unistroke keyboard for pen input, Proceedings of ACM UIST '98, pp.213-214（1998）
10) 吉田真編：「ヒューマンマシンインタフェースのデザイン」，共立出版（1995）
11) B. Shneiderman, M. Cohen, S. Jacobs, C. Plaisant, N. Diakopoulos and N. Elmqvist: "Designing the User Interface Strategies for Effective Human-Computer Interaction（6th Ed.）", Addison-Wesley（Pearson）（2017）
12) A. Dix, J. Finlay, G. D. Abowd and R. Beale: "Human-Computer Interaction（3rd Ed.）", Prentice Hall（2003）

■**第6章**

1) J. Tidwell, C. Brewer, A. Valencia: "Designing Interfaces: Patterns for Effective Interaction Design（3rd Ed.）", O'Reilly Media（2020）（2nd Ed. の邦訳：浅野紀予訳，ソシオメディア監訳：「デザイニング・インターフェース　パターンによる実践的インタラクションデザイン（第2版）」，オライリー・ジャパン（2011））
2) D. A. Norman: "The Design of Everyday Things: Revised and Expanded Edition", Basic Books（2013）（邦訳：岡本明，安村通晃，伊賀聡一郎，野島久雄訳：「誰のためのデザイン？　増補・改訂版　認知科学者のデザイン原論」，新曜社（2015））
3) B. Shneiderman, M. Cohen, S. Jacobs, C. Plaisant, N. Diakopoulos and N. Elmqvist: "Designing the User Interface Strategies for Effective Human-Computer Interaction（6th Ed.）", Addison-Wesley（Pearson）（2017）
4) J. Callahan, D. Hopkins, M. Weiser and B. Shneiderman: An empirical comparison of pie versus linear menus, Proceedings of ACM CHI '88, pp.95-100（1988）
5) 吉田真編：「ヒューマンマシンインタフェースのデザイン」，共立出版（1995）
6) A. Dix, J. Finlay, G. D. Abowd and R. Beale: "Human-Computer

Interaction (3rd Ed.)", Prentice Hall (2003)
7) 黒須正明，暦本純一：「コンピュータと人間の接点（改訂版）」，放送大学教育振興会（2018）

■第7章

1) J. J. Garrett: "The Elements of User Experience: User-Centered Design for the Web and Beyond (2nd Ed.)", New Riders (2010),（邦訳：上野学，篠原稔和監訳，ソシオメディア訳：「The Elements of User Experience　5段階モデルで考えるUXデザイン」，マイナビ出版（2022））
2) Microsoft Corporation: "Design and code Windows apps", https://learn.microsoft.com/windows/apps/design/（2024確認）
3) Apple, Inc.: "Human Interface Guidelines", https://developer.apple.com/design/human-interface-guidelines/（2024確認）
4) Google, Inc.: "Material Design", https://m3.material.io/（2024確認）
5) J. Johnson: "Designing with the Mind in Mind: Simple Guide to Understanding User Interface Design Guidelines (2nd Ed.)", Morgan Kaufman (2014)（邦訳：武舎広幸，武舎るみ訳：「UIデザインの心理学　わかりやすさ・使いやすさの法則」，インプレス（2015））
6) B. Shneiderman, M. Cohen, S. Jacobs, C. Plaisant, N. Diakopoulos and N. Elmqvist: "Designing the User Interface Strategies for Effective Human-Computer Interaction (6th Ed.)", Addison-Wesley (Pearson) (2017)
7) A. Cooper, R. Reimann, D. Cronin and C. Noessel: "About Face: The Essentials of Interaction Design (4th Ed.)", John Wiley & Sons (2014)（邦訳：上野学監訳，ソシオメディア訳：「ABOUT FACE　インタラクションデザインの本質」，マイナビ出版（2024））
8) 吉田真編：「ヒューマンマシンインタフェースのデザイン」，共

立出版（1995）
9) 宇野雄：「フラットデザインで考える 新しいUIデザインのセオリー」，技術評論社（2014）
10) 出原栄一，吉田武夫，渥美浩章：「図の体系　図的思考とその表現」，日科技連出版社（1986）
11) M. Friendly and H. Wainer: "A History of Data Visualization and Graphic Communication", Harvard University Press（2021）（邦訳：飯嶋貴子訳：「データ視覚化の人類史 グラフの発明から時間と空間の可視化まで」，青土社（2021）
12) F. J. Anscombe: Graphs in statistical analysis, American Statistician, Vol.27, No.1, pp.17-21（1973）
13) T. Munzner: "Visualization Analysis & Design", CRC Press（2014）
14) ジャック・ベルタン著，森田喬訳：「図の記号学　視覚言語による情報の処理と伝達」，（財）地図情報センター（1982）
15) R. Spence: "Information Visualization: Design for Interaction（2nd Ed.）", Pearson Education（2007）
16) 三末和男：「情報可視化入門：人の視覚とデータの表現手法」，森北出版（2021）
17) S. M. Kosslyn: "Ellements of Graph Design", Freeman（1994）
18) E. R. Tufte: "The Visual Display of Quantitative Information（2nd Ed.）", Graphics Press（2001）
19) S. K. Card, J. D. Mackinlay and B. Shneiderman: "Readings in Information Visualization: Using Vision to Think", Morgan Kaufmann（1999）
20) R. Rao and S. K. Card: The table lens: Merging graphical and symbolic representations in an interactive focus + context visualization for tabular information, Proceedings of ACM CHI '94, pp.318-322（1994）
21) A. Inselberg: The plane with parallel coordinates, Visual Computer, Vol.1, No.4, pp.69-91（1985）
22) L. Byron and M. Wattenberg: Stacked graphs-geometry & aesthetics, IEEE Transactions on Visualization and Computer

Graphics, Vol.14, No.6, pp.1245-1252（2008）
23）N. Gershon, S. G. Eick and S. K. Card: Information visualization, Interactions, Vol.5, No.2, pp.9-15（1998）
24）B. Shneiderman: Tree visualization with tree-maps: A 2-D space-filling approach, ACM Transactions on Graphics, Vol.11, No.1 pp.92-99（1992）
25）B. Shneiderman: Dynamic queries for visual information seeking, IEEE Software, Vol.11, No.6, pp.70-77（1994）
26）M. Sarkar and M. H. Brown: Graphical fisheye views, Communications of the ACM, Vol.37, No.12, pp.73-83（1994）
27）K. M. Fairchild, S. E. Poltrock and G. W. Furnas: SemNet: Three-dimensional graphic representations of large knowledge bases, R. Guindon ed.: Cognitive Science and Its Applications for Human-Computer Interaction, Lawrence Erlbaum Associates, pp.201-233（1988）
28）塩澤秀和，西山晴彦，松下温：「納豆ビュー」の対話的な情報視覚化における位置づけ，情報処理学会論文誌，Vol.38，No.11，pp.2331-2342（1997）
29）E. A. Bier, M. C. Stone, K. Pier, W. Buxton and T. D. DeRose: Toolglass and magic lenses: The see-through interface, Proceedings of SIGGRAPH '93, pp.73-80（1993）
30）A. Dix, J. Finlay, G. D. Abowd and R. Beale: "Human-Computer Interaction（3rd Ed.）", Prentice Hall（2003）

■第8章

1）黒川隆夫：「ノンバーバルインタフェース」，オーム社（1994）
2）田村博編：「ヒューマンインタフェース」，オーム社（1998）
3）M. F. Vargus: "Louder than Words: An Introduction to Nonverbal Communication", Iowa State University Press（1986）（邦訳：石丸正訳：「非言語コミュニケーション」，新潮社（1987））
4）W. von Raffler-Engel ed.: "Aspects of Nonverbal Communication", Swets & Zeitlinger（1980）（邦訳：本名信行，井出祥子，

谷林真理子編訳：「ノンバーバル・コミュニケーション　ことばによらない伝達」，大修館書店（1981））
5） P. Ekman, W. Friesen and J. Hager: "Facial Action Coding System", The Manual on CD-ROM, A Human Face（2002）
6） P. Ekman and W. V. Friesen: "Unmasking the Face: A guide to recognizing emotions from facial clues", Prentice-Hall（1975）（邦訳：工藤力編訳：「表情分析入門」，誠信書房（1987））
7） E. T. Hall: "The Hidden Dimension", Doubleday（1966）（邦訳：日高敏隆，佐藤信行訳：「かくれた次元」，みすず書房（1970））
8） A. Kendon: "Conducting interaction: Patterns of behavior in focused encounters", Cambridge University Press（1990）
9） 古井貞熙：「ディジタル音声処理」，東海大学出版会（1985）
10）岡田美智男：「口ごもるコンピュータ」，共立出版（1995）
11）橋本周司，成田誠之助，白井克彦，小林哲則，高西淳夫，菅野重樹，笠原博徳：ヒューマノイド―人間形高度情報処理ロボット―，情報処理，Vol.38，No.11，pp.959-969（1997）
12）長尾真，安西祐一郎，神岡太郎，橋本周司：「マルチメディア情報学の基礎」，岩波書店（1999）
13）R. A. Bolt: Put-That-There: Voice and gesture at the graphics interface, Proceedings of the ACM Conference on Computer Graphics, pp.262-270（1980）
14）星野准一，森博志：音声対話ゲームのための CG キャラクタの反応的注意生成，芸術家学会論文誌，Vol.9，No.1，pp.20-28（2009）
15）山田誠二：「人とロボットの＜間＞をデザインする」，東京電機大学出版局（2007）
16）N. Yee and J. Baileson, The proteus effect: The effect of transformed self-representation on behavior, Human Communication Research, Vol.33, No.3, pp.271-290（2007）

■第 9 章

1） 岡田謙一：情報共有空間における協同，情報処理，Vol.48，No.2，pp.123-127（2007）

2) 松下温編著：「図解グループウェア入門」，オーム社（1991）
3) 松下温，岡田謙一編著：「コラボレーションとコミュニケーション」，共立出版（1995）
4) 安西祐一郎，浜田洋，小澤英昭，中谷多哉子，岡田謙一，黒須正明：「情報の創出とデザイン」，岩波書店（2000）
5) 石井裕：「CSCW とグループウェア　協創メディアとしてのコンピュータ」，オーム社（1994）
6) R. Johansen: “Groupware: Computer Support for Business Teams”, The Free Press（1988）（邦訳：会津泉訳：「グループウェア　ビジネスチームによる新しいコンピュータ利用」，日経 BP 社（1994））
7) 垂水浩幸：「グループウェアとその応用」，共立出版（2000）

■**第 10 章**

1) 舘暲，佐藤誠，廣瀬通孝監修，日本バーチャルリアリティ学会編：「バーチャルリアリティ学」，コロナ社（2011）
2) D. Zeltzer: Autonomy, Interaction, and Presence, Presence: Teleoperators and Virtual Environments, Vol.1, No.1, pp.127-132（1992）
3) M. W. Krueger: “Artificial Reality II”, Addison-Wesley（1991）（邦訳：下野隆生訳：「人工現実―インタラクティブ・メディアの展開」，トッパン（1991））
4) 岩田洋夫編著：「人工現実感生成技術とその応用」，サイエンス社（1992）
5) 雨宮智浩：「メタバースの教科書　原理・基礎技術から産業応用まで」，オーム社（2023）
6) D. Ebert, E. Bedwell, S. Maher, L. Smoliar and E. Downing: Realizing 3D visualization using crossed-beam volumetric displays, Communications of the ACM, Vol.42, No.8, pp.100-107（1999）
7) C. Cruz-Neira, D. Sandin and T. A. DeFanti: Surround-screen projection-based virtual reality: The design and Implementation of the CAVE, Proceedings of SIGGRAPH '93, pp.135-142（1993）

8) 廣瀬通孝：「バーチャル・リアリティって何だろう」，ダイヤモンド社（1997）
9) E.M. Wenzel: Localization in Virtual Acoustic Displays, Presence: Teleoperators and Virtual Environments, Vol.1, No.1, pp.80-107（1992）
10) 梶本裕之：触覚ディスプレイ，計測と制御，Vol.47，No.7，pp.566-571（2008）
11) T. Maeda, H. Ando, T. Amemiya, N. Nagaya, M. Sugimoto, M. Inami: Shaking the world: Galvanic vestibular stimulation as a novel sensation interface, Proceedings of ACM SIGGRAPH 2005 Emerging Technologies, p.17（2005）
12) 矢野博明，中島陽介，田中直樹，斉藤秀之，岩田洋夫：歩行感覚呈示装置を用いた臨床実験用歩行リハビリテーションシステムの開発，日本バーチャルリアリティ学会論文誌，Vol.14，No.4，pp.455-462（2009）
13) 暦本純一：簡易性とスケーラビリティを考慮した拡張現実感システムの提案,「インタラクティブシステムとソフトウェア III」，pp.49-56，近代科学社（1995）
14) P. Wellner: Interacting with Paper on the DigitalDesk, Communications of the ACM, Vol.36, No.7, pp.87-96（1993）
15) P. Milgram and F. Kishino: A taxonomy of mixed reality visual displays, IEICE Transactions on Information and Systems (Special Issue on Networked Reality), Vol.E77-D, No.12, pp.1321-1329（1994）
16) 廣瀬通孝，小木哲朗，玉川憲，山田俊郎：没入型コミュニケーションのための高臨場感ビデオアバタ，ヒューマンインタフェース学会論文誌，Vol.2，No.2，pp.55-62（2000）
17) 南雲俊喜：小円筒面スクリーンによる現場作業訓練環境の研究，日本バーチャルリアリティ学会論文誌，Vol.4，No.3，pp.521-529（1999）
18) 赤松幹之：全周囲視野ドライビングシミュレータ，2001年MVLシンポジウム予稿集，pp.91-105（2001）
19) M. W. Krueger, T. Gionfriddo, and K. Hinrichsen:

VIDEOPLACE—An artificial reality, ACM SIGCHI Bulletin Vol.16, No.4, pp.35-40（1985）

■第 11 章

1） M. Weiser: Some computer science issues in ubiquitous computing. Communications of the ACM, Vol.36, No.7, pp.75-84（1993）

2） S. Mann: Wearable computing: Toward humanistic intelligence, IEEE Intelligent Systems, Vol.16, No.3, pp.10-15（2001）

3） H. Ishii and B. Ullmer: Tangible bits: Towards seamless interfaces between people, bits and atoms. Proceedings of ACM CHI '97, pp.234-241（1997）

4） B. Ullmer, H. Ishii and D. Glas: mediaBlocks: Physical containers, transports, and controls for online media. Extended Abstracts of ACM CHI '99, pp.31-32（1999）

5） H. Suzuki and H. Kato: Interaction-level support for collaborative learning: *AlgoBlock*-an open programming language. Proceedings of ACM CSCW '95, pp.349-355（1995）

6） M. W. Krueger, T. Gionfriddo, and K. Hinrichsen: VIDEOPLACE—An artificial reality, ACM SIGCHI Bulletin Vol.16, No.4, pp.35-40（1985）

7） 日本バーチャルリアリティ学会編，青山一真編著：「神経刺激インタフェース」，コロナ社（2024）

索　　引

ア　行

カ　行

サ　行

タ　行

ナ 行

ハ 行

マ　行

ヤ　行

ラ　行

ワ　行

数字・欧文

〈著者略歴〉

雨宮智浩（あめみや　ともひろ）

2004年東京大学大学院情報理工学系研究科修士課程修了．NTT研究員，英国ユニバーシティ・カレッジ・ロンドン認知神経科学研究所客員研究員を経て，2019年東京大学大学院情報理工学系研究科准教授．2023年より東京大学情報基盤センター教授，東京大学バーチャルリアリティ教育研究センター教授（兼務）．博士（情報科学）．
（担当箇所：第2章，第8章，第10章，第11章）

岡田謙一（おかだ　けんいち）

1978年慶應義塾大学大学院理工学研究科計測工学専攻博士課程所定単位取得退学．慶應義塾大学工学部助手，アーヘン工科大学訪問研究員，慶應義塾大学理工学部情報工学科教授を経て，現在，慶應義塾大学名誉教授．工学博士．
（担当箇所：第1章，第4章，第9章）

葛岡英明（くずおか　ひであき）

1992年東京大学大学院工学系研究科情報工学専攻博士課程修了．筑波大学構造工学系講師，同大学助教授，同大学教授を経て，2019年より東京大学大学院情報理工学系研究科知能機械情報学専攻教授．博士（工学）．
（担当箇所：第4章，第8章，第9章，第10章，第11章）

塩澤秀和（しおざわ　ひでかず）

2000年慶應義塾大学大学院理工学研究科計測工学専攻博士課程修了．東京電機大学理工学部情報システム工学科助手，玉川大学工学部電子工学科専任講師，カルガリー大学インタラクション研究室客員研究員を経て，2015年より玉川大学工学部ソフトウェアサイエンス学科教授．博士（工学）．
（担当箇所：第3章，第5章，第6章，第7章）

中谷桃子（なかたに　ももこ）

2003年早稲田大学大学院理工学研究科物理学及応用物理学修士課程修了．NTTサイバーソリューション研究所，NTTサービスエボリューション研究所，NTTテクノクロス株式会社を経て，2021年より東京工業大学（現 東京科学大学）工学院情報通信系准教授．博士（工学）．
（担当箇所：第4章）

西田正吾（にしだ　しょうご）

1976年東京大学大学院工学系研究科電気工学専攻修士課程修了．三菱電機株式会社中央研究所，マサチューセッツ工科大学メディア研究所，大阪大学基礎工学部教授，同大学大学院基礎工学研究科教授，同大学理事・副学長，放送大学大阪学習センター所長を経て，現在，大阪大学名誉教授．工学博士．
（担当箇所：第2章，第3章）

IT Text
ヒューマンコンピュータインタラクション（改訂３版）

2002年 8月15日　第 1 版第1刷発行
2016年 3月15日　改訂2版第1刷発行
2025年 2月20日　改訂3版第1刷発行

著　者　雨宮智浩・岡田謙一・葛岡英明・
　　　　塩澤秀和・中谷桃子・西田正吾
発行者　村上和夫
発行所　株式会社 オーム社
郵便番号　101-8460
東京都千代田区神田錦町 3-1
電 話　03(3233)0641(代表)
URL　https://www.ohmsha.co.jp/

印刷・製本　美研プリンティング
ISBN978-4-274-23295-4　Printed in Japan